XIANGJIAO SHENGJIAO
YU ZHUJI WENDA

橡胶生胶与助剂问答

杨 慧 翁国文 编著

化学工业出版社
·北京·

该书采用一问一答的形式，对橡胶材料、硫化体系、补强填充体系、防护体系、软化增塑体系和其他配合剂等橡胶配合过程中涉及的各种橡胶材料和助剂进行了详细介绍。全书约350个问题，一问一答，简单明了，适合橡胶领域技术人员、管理人员和初入门者参考。

图书在版编目（CIP）数据

橡胶生胶与助剂问答/杨慧，翁国文编著. —北京：化学工业出版社，2018.10
ISBN 978-7-122-32782-6

Ⅰ.①橡… Ⅱ.①杨…②翁… Ⅲ.①橡胶助剂-问题解答 Ⅳ.①TQ330.38-44

中国版本图书馆CIP数据核字（2018）第175060号

责任编辑：赵卫娟　　装帧设计：刘丽华
责任校对：王素芹

出版发行：化学工业出版社（北京市东城区青年湖南街13号　邮政编码100011）
印　　装：北京七彩京通数码快印有限公司
710mm×1000mm　1/16　印张10¼　字数199千字　2019年1月北京第1版第1次印刷

购书咨询：010-64518888　售后服务：010-64518899
网　　址：http://www.cip.com.cn
凡购买本书，如有缺损质量问题，本社销售中心负责调换。

定　　价：58.00元

前言

橡胶是高弹性高分子化合物的总称。由于橡胶在室温上下很宽的温度范围内具有优越的弹性、很好的柔软性，并且具有优异的疲劳强度，很高的耐磨性、电绝缘性、不透气性、不透水性以及耐腐蚀、耐溶剂、耐高温、耐低温等特殊性能，因此成为重要的工业材料，广泛用于轮胎、胶管、胶带、胶鞋、工业制品（如减震制品、密封制品、化工防腐材料、绝缘材料、胶辊、胶布及其制品等）以及胶黏剂、胶乳制品中。要制得符合实际使用要求的橡胶制品、改善橡胶加工工艺以及降低产品成本等，还须在橡胶中加入各种橡胶配合剂。

橡胶行业除了为数不多的大型企业以外，基本上还是以中、小企业为主。由于开设橡胶专业的高等及职业院校较少，有相当部分的从业人员都是未经过培训的，特别是一些来自农村的橡胶从业人员，文化水平大多不是很高，亟待提高专业知识，而问答类图书正是快速提高基础知识水平的捷径，因此我们组织编写此书。

本书借助橡胶技术网论坛，对大家在网上关注比较多、比较集中的问题，进行整理，以一问一答的方式对橡胶、硫化体系、补强填充体系、防护体系、软化增塑体系、其他配合剂等的各种原材料进行了介绍。每个问题都言简意赅，简单明了，一目了然。在编写过程中立足生产实际和现状，既有基础知识问题，也有生产实际中发生的问题，以保证内容的实用性。本书可供橡胶企业技术人员及有关管理人员自学使用，也可作为职业培训教材。

本书第 1 章、第 5 章和第 6 章由徐州工业职业技术学院杨慧编写，第 2～第 4 章由徐州工业职业技术学院翁国文编写。全书由杨慧统稿。

本书在编写过程中得到橡胶技术网的大力帮助，许多问题来自橡胶技术网的论坛，谨此致谢。

由于编著者水平有限，加之经验不足，书中不妥之处在所难免，恳请广大读者批评和指正。

编著者

2018 年 12 月

目录

第1章 橡胶材料 1

第3章 补强填充体系 98

第4章 防护体系 120

第1章 橡胶材料

1. 什么是橡胶？

橡胶是所有高分子弹性体的总称，即具有高弹性的有机高分子材料称为橡胶。

美国材料与试验协会（ASTM）定义：橡胶是一种材料，它在大的变形下能迅速而有力地恢复其变形，能够被改性（硫化）。改性的橡胶实质上不溶于（但能溶胀于）沸腾的苯、甲乙酮、乙醇-甲苯混合物等溶剂中。改性的橡胶室温下（18～29℃）被拉伸到原来长度的2倍并保持1min后除掉外力，它能在1min内恢复到原来长度的1.5倍以下。

国家标准（GB/T 9881—2008）定义：橡胶是一种可以或已被改性为基本不溶（但能溶胀）于苯、甲乙酮、乙醇和甲苯共沸混合物等沸腾溶剂中的弹性体。改性的橡胶在加热和施以中等压力时，不可能轻易地再次模压成型。注：不含稀释剂的改性橡胶于室温（18～29℃）下拉伸至原长度的2倍，保持1min后松开，应在2min内回缩至小于原长1.5倍的长度。

弹性材料受力显著形变，力释放则迅速恢复到接近其原有形状和尺寸。

2. 什么是弹性体？

弹性体泛指在除去外力后能恢复原状的材料，好像是具有弹性的材料就是弹性体，然而具有弹性的材料并不一定都是弹性体，如弹簧。

弹性体只是在弱应力下形变显著，应力松弛后能迅速恢复到接近原有状态和尺寸的高分子材料，也就是具有高弹性的高分子材料。

3. 弹性体与橡胶之间关系是什么？

弹性体是一类在较小应力作用下即能产生明显变形，而除掉应力后又能立即近似地恢复其原尺寸和形状的高分子材料。

与橡胶概念相比，弹性体更侧重的含义是一种物理和材料学的概念，它的范畴更为广泛。

根据弹性体是否可塑化可以分为热固性弹性体、热塑性弹性体两大类。热固性弹性体就是传统意义的橡胶（rubber）；热塑性弹性体（thermoplastic elastomer，TPE），从20世纪90年代开始逐渐获得越来越多的商业化应用。橡胶按其发展历程分为三代：第一代是天然橡胶，第二代是合成橡胶，第三代是热塑性弹性体。其中第一代和第二代橡胶合称为传统（热固性）橡胶，因而橡胶也可分为传统的热固性橡胶和热塑性弹性体，从而将橡胶与弹性体画上等号，即橡胶和弹性体指同一材料（见图1.1）。

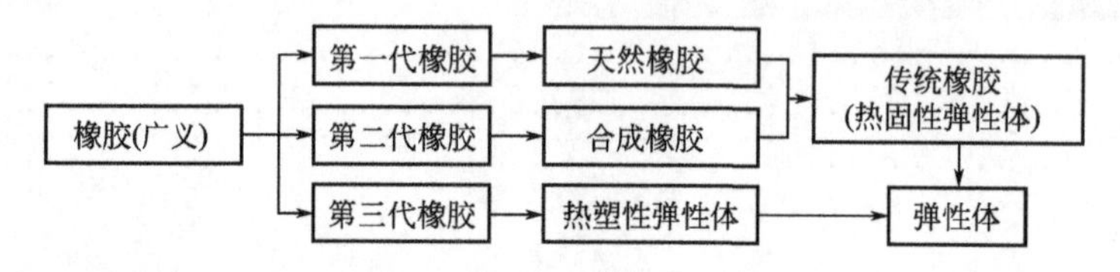

图1.1　弹性体与橡胶的关系

由于一些历史原因，早期谈到弹性体的时候，所指的通常是热塑性弹性体，而不包含橡胶。随着弹性体合成技术的发展及性能的提高，橡胶和弹性体的概念日益相通，习惯上两者已成为同义词，经常互相代用。

习惯上，把热固性弹性体，即传统橡胶还是称为某某橡胶，如丁苯橡胶、顺丁橡胶和硅橡胶等，而不称为丁苯弹性体、顺丁弹性体或硅弹性体。而对于热塑性弹性体，则习惯称为某某弹性体，如聚氨酯弹性体、SBS弹性体和POE弹性体等。

4. 橡胶的存在形式有哪些？

橡胶的主要存在形式有四种：生胶、塑炼胶、混炼胶、硫化胶。还有再生胶、纯橡胶、母炼胶等。此外还有胶料、纯胶料的说法。

生胶：是指没有经过任何加工的橡胶。生胶通常是成包提供的作为制造橡胶制品原材料的天然橡胶或合成橡胶。多数生胶不含配合剂，但有时也可含一定的配合剂，例如：加油或填料的母炼胶。

塑炼胶：是指只进行塑炼加工、具有一定可塑度的橡胶。

混炼胶：是指加入配合剂、经过混炼加工后的橡胶。

硫化胶：是指经过硫化后的橡胶。

母炼胶：也称为母胶，是橡胶和一种或多种配合剂（但不是配方中全部配合剂）按规定比例掺和的分散良好的配合料，是制备最终胶料或混炼胶的原料。

母炼胶通常也用于含有填料和（或）填充剂以及特定的其他配合剂，但不带有硫化体系的橡胶胶料。使用母炼胶能简化加工或（和）提高成品性能。

胶料：是任何形态的橡胶与其他配合剂的混合物，通常指混炼胶。

纯胶料：只含有必要量的硫化所需的配合剂和少量加工、着色和改进耐老化性能的其他配合剂的混炼胶。

熟胶：橡胶行业很少有这种说法，指的是已经硫化好的硫化橡胶。

5. 什么是弹性、高弹性？

弹性是材料的力学特性之一，材料受力作用后可产生三种不同的特性，即弹性、塑性和刚性。

弹性：材料受外力后产生变形且除去外力之后能恢复原状的特性。

塑性：材料受外力后产生变形但除去外力不能恢复的特性。

刚性：材料受外力后不能变形的特性。

高弹性：拉伸时伸长形变可达100%以上，有的可达1000%以上，除去拉力能在2min内回缩至小于原长1.5倍。

高弹性是高聚物特有的性质，是基于分子链段运动产生构象的变化产生的一种力学状态。其他普通材料的弹性是基于键角、键长的变化实现弹性，一般铜、钢等金属材料的形变量只有约1%。橡胶材料在常温下最突出的特点是其他材料所不具备的高弹性。

6. 橡胶弹性表示方法有哪些？影响因素有哪些？

橡胶弹性在工程上主要可用下列参数来表征。

① 回弹率：回弹率越大，弹性越高。

② 伸长率：伸长率越大，弹性越高。

③ 永久变形（包括扯断永久变形和压缩永久变形）：永久变形越大，弹性越低。

理想的高弹性完全是由卷曲的橡胶大分子构象熵变化造成的，去除外力后，能立即回复原状。然而，实际中橡胶分子间存在相互作用力和内旋转阻力，会妨碍分子链段的运动，表现为橡胶的黏性，作用于橡胶分子上的力一部分用于克服分子间的黏性阻力，另一部分使分子链变形。

橡胶材料的高弹性与其分子量、卷曲分子的构象熵、硫化胶的交联密度和交联键的类型等有关。

橡胶的高弹性是由橡胶的分子量决定的，分子量越大，不能承受应力的、对弹性没有贡献的游离末端数就越少；另外分子量大，分子链内彼此缠结而导致的“准交联”效应增加，分子量大有利于弹性的提高。分子量分布窄的高分子量级分多，对弹性有利；分子量分布宽的，则对弹性不利。

在常温下不易结晶的、由柔性分子链组成的材料，分子链的柔顺性越大。受到外力时，链运动能够比较迅速地改变分子链的构象，分子链的形态数增加，弹性越好。

随着交联密度的增大，硫化胶弹性增大，直至最大值，交联密度继续增大，弹性下降。这是因为分子无交联时，在外力的作用下，分子链相对滑动，形成不可逆形变，弹性较差；适度的交联，可以减少或消除分子链间的滑移，有利于弹性的提高；交联过度会使分子链的相互作用力和内旋转阻力增加，活动受阻，使弹性下降。

交联键类型对弹性有影响，多硫键键能较小，对分子链段的运动束缚力较小，因而回弹性较高。交联键能较高、键长较短的C—C键和C—S—C键，弹性较差。

7. 什么是高分子材料？高分子材料有哪几种？

（1）高分子

高分子也称为大分子，一般指分子量超过10000的分子。

（2）高分子材料

高分子材料也称为聚合物材料，是以高分子化合物为基体，再配有其他添加剂（助剂）所构成的材料。

（3）高分子材料种类

① 高分子材料按来源分类。

按来源分为天然高分子材料和合成高分子材料。

天然高分子材料是存在于动物、植物及生物体内的高分子物质，可分为天然纤维、天然树脂、天然橡胶、动物胶等。

合成高分子材料是由单体通过聚合而得到的高分子物质。合成高分子材料具有天然高分子材料所没有的或较为优越的性能——较小的密度，较高的力学性能、耐磨性、耐腐蚀性、电绝缘性及特殊性能等。

② 高分子材料按应用特性分类。

按应用特性分为橡胶、纤维、塑料、高分子胶黏剂、高分子涂料、功能性高分子材料和高分子基复合材料等。其中合成树脂、合成橡胶和合成纤维是主要的三大高分子材料。

a. 合成橡胶是一类线型柔性高分子聚合物。其分子链间次价力小，分子链柔性好，在外力作用下可产生较大形变，除去外力后能迅速恢复原状。

b. 纤维分为天然纤维和化学纤维。前者指蚕丝、棉、麻、毛等。后者是以天然高分子或合成高分子为原料，经过纺丝和后处理制得的。纤维的次价力大、形变能力小、模量高，一般为结晶聚合物。

c. 塑料是以合成树脂或化学改性的天然高分子为主要成分，再加入填料、增塑剂和其他添加剂制得的。其分子间次价力、模量和形变量等介于橡胶和纤维之间。通常按合成树脂的特性分为热固性塑料和热塑性塑料；按用途又分为通用塑料和工程塑料。

d. 高分子胶黏剂是以合成天然高分子化合物为主体制成的胶黏材料，分为天然和合成胶黏剂两种，应用较多的是合成胶黏剂。

e. 高分子涂料是以聚合物为主要成膜物质，添加溶剂和各种添加剂制得的。根据成膜物质不同，分为油脂涂料、天然树脂涂料和合成树脂涂料。

f. 高分子基复合材料是以高分子化合物为基体，添加各种增强材料制得的一种复合材料。它综合了原有材料的性能特点，并可根据需要进行材料设计。高分子复合材料也称为高分子改性材料。

g. 功能高分子材料。功能高分子材料除具有聚合物的一般力学性能、绝缘性能和热性能外，还具有物质、能量和信息的转换、磁性、传递和储存等特殊功能。已应用的有高分子信息转换材料、高分子透明材料、高分子模拟酶、生物降解高分子材料、高分子形状记忆材料和医用、药用高分子材料等。

高聚物根据其力学性能和使用状态可分为上述几类。但是各类高聚物之间并无严格的界限，同一高聚物，采用不同的合成方法和成型工艺，可以制成塑料，也可制成纤维，比如尼龙就是如此。而聚氨酯一类的高聚物，在室温下既有玻璃态性质，又有很好的弹性，所以很难说它是橡胶还是塑料。

③ 高分子材料按应用功能分类。

高分子材料分为通用高分子材料、特种高分子材料和功能高分子材料三大类。

通用高分子材料指能够大规模工业化生产，已普遍应用于建筑、交通运输、农业、电气电子工业等国民经济主要领域和人们日常生活的高分子材料。这其中又分为塑料、橡胶、纤维、黏合剂、涂料等不同类型。

特种高分子材料主要是一类具有优良机械强度和耐热性能的高分子材料，如聚碳酸酯、聚酰亚胺等材料，已广泛应用于工程材料上。

功能高分子材料是指具有特定的功能作用，可作功能材料使用的高分子化合物，包括功能性分离膜、导电材料、医用高分子材料、液晶高分子材料等。

④ 高分子材料按高分子主链结构分类。

a. 碳链高分子：分子主链由C原子组成，如PP、PE、PVC。

b. 杂链高聚物：分子主链由C、O、N、P等原子构成。如聚酰胺、聚酯、硅油。

c. 元素有机高聚物：分子主链不含C原子，仅由一些杂原子组成的高分子，如硅橡胶。

⑤ 其他分类。

按高分子主链几何形状分类：线型高聚物、支链型高聚物、体型高聚物；按高分子微观排列情况分类：结晶高聚物、半结晶高聚物、非结晶高聚物。

8. 极性橡胶、非极性橡胶各有哪些？各有什么特性？

所有的物质均由分子所构成，分子间有相互吸引的力量，分子构成物质是因为有原子，原子由原子核及其周边的电子群所构成，电子具有负电，原子荷具有正电，正好与极性相似，正如分子之中带有正电的阳极及带负电的阴极，在分子中可以区分成阳极与阴极者称为极性。具有极性的分子称为极性分子，无极性的称为非极性分子，极性分子就是像磁铁一样阳极与阴极相吸的分子。

极性橡胶：氯丁橡胶、丁腈橡胶、氢化丁腈橡胶、羧基丁腈橡胶、氟橡胶、聚氨酯橡胶、聚醚橡胶、聚硫橡胶、丙烯酸酯橡胶、氯化聚乙烯橡胶、氯磺化聚乙烯橡胶等。

非极性橡胶：天然橡胶、丁苯橡胶、顺丁橡胶、乙丙橡胶、丁基橡胶等。

极性橡胶具有较强的极性，性能表现为：

① 耐（非极性）油（机油、液压油、润滑油等）、耐非极性溶剂（环己烷、汽油、苯等）性能较好。

② 耐老化性较好、耐热性较好。

③ 强度较高。

④ 绝缘性较低。

非极性橡胶，性能表现为：

① 易溶于非极性溶剂和非极性油。

② 耐极性的丙酮、乙醇、制动液等。

③ 不溶于水。

④ 耐10%的氢氟酸、20%的盐酸、30%的硫酸、50%的氢氧化钠等。

⑤ 一般不耐浓强酸和氧化性强的高锰酸钾、重铬酸钾等。

氟橡胶分子结构引入强极性基团—F，分子结构紧密，一般具有较高的拉伸强度和硬度。

9. 什么是结晶橡胶和非结晶橡胶、自补强性橡胶和非自补强性橡胶？各有什么特性？

（1）结晶橡胶

是指在一定的条件下（在一定温度和作用力下），橡胶分子链能够按一定的方向进行排列，能增大分子间作用力的橡胶。分为应力结晶和低温结晶。

（2）非结晶橡胶

橡胶分子链在一定温度区间和一定作用力作用下，不能按一定的方向进行排列的为非结晶橡胶。

（3）自补强性橡胶

橡胶在常温下是无定形的高弹态物质，当受到拉伸时会使大分子链沿应力方向取向形成结晶，晶粒分散在无定形大分子中起到补强作用。具有自补强性的橡胶，如天然橡胶、氯丁橡胶、丁基橡胶，在较低的温度下或较低的应变条件下可以产生结晶。自补强性橡胶拉伸强度、撕裂强度等机械强度高。低温结晶橡胶在低温天气下需通过烘胶解除结晶，以便于加工。

氯丁橡胶的主链虽然由碳所组成，但由于分子中含有电负性较大的氯原子，而使其成为极性橡胶，从而增加了分子间力，使分子结构较紧，分子链柔性较差。又由于氯丁橡胶结构规整性较强，因而比天然橡胶更易结晶。由于氯丁橡胶有较强的结晶性，自补强性大，分子间作用力大，在外力作用下分子间不易产生滑脱，因此氯丁橡胶与天然橡胶有相近的物理机械性能。其纯胶硫化胶的拉伸强度、扯断伸长率甚至还高于天然橡胶，炭黑补强硫化胶的拉伸强度、扯断伸长率则接近于天然橡胶。

（4）非自补强性橡胶

在常温下当橡胶受到拉伸时不能形成结晶，不具有自补强性的橡胶称为非自补强性橡胶，如丁苯橡胶、丁腈橡胶、乙丙橡胶等不能结晶，未补强时硫化胶的拉伸强度、撕裂强度以及生胶的格林强度较低，属于非自补强性橡胶。

顺丁橡胶是结晶性橡胶，但因其结晶对应变和温度的敏感性低（拉伸300%～400%以上或冷却到－30℃以下时才有结晶），使得顺丁橡胶的自补强性比天然橡胶低很多，一般认为其为非自补强性橡胶。

10. 什么是饱和橡胶和不饱和（低不饱和）橡胶？各有什么特性？

（1）饱和橡胶

通常指分子链结构中（包括主链和侧链）不含有双键的橡胶，如二元乙丙橡胶、硅橡胶、氟橡胶等。

（2）不饱和橡胶

通常指分子链结构中含有较多双键的橡胶，如天然橡胶、异戊橡胶、丁苯橡胶、丁腈橡胶、顺丁橡胶等。

（3）低不饱和橡胶

通常指分子链结构中含有少量双键（1%～10%）的橡胶，如三元乙丙橡胶、丁基橡胶、氢化丁腈橡胶等。丁基橡胶分子主链中含有双键，但由于数目极少，仅为天然橡胶的1/50，不饱和程度极低。三元乙丙橡胶分子主链上无双键，虽然第三单体引入了少量双键，但却位于侧基上，活性较小，对主链性质没有多大影响。

氯丁橡胶大分子链上每4个碳原子含有一个双键，但由于极性较高，氯基对双键有较强的屏蔽作用，化学活性低，通常不把氯丁橡胶列入不饱和橡胶中。

不饱和度高的橡胶，链节上含有一个双键，能够进行加成反应；天然橡胶因双键和甲基取代基的影响，使双键附近的α-甲基上的氢原子变得活泼，易发生取代反应。因而化学活性高，容易与硫化剂发生硫化交联反应（结构化反应），但也容易与氧、臭氧发生氧化、裂解反应（老化、再生），与卤素发生氯化、溴化反应（改性），可用硫黄进行硫化，可以被改性，耐热、耐候、耐臭氧老化和耐化学药品腐蚀性能较差。

饱和橡胶化学活性低、稳定性好，具有优异的耐热、耐老化、耐化学药品性能等。如乙丙橡胶的抗臭氧性能特别好，当臭氧浓度为100×10^{-6}时，乙丙橡胶2430h仍不龟裂，而丁基橡胶534h、氯丁橡胶46h即产生大裂口。乙丙橡胶的耐候性能也非常好，能长期在阳光、潮湿、寒冷的自然环境中使用。在150℃下，一般可长期使用，间歇使用可耐200℃高温。

11. 天然胶乳的基本特性有哪些？

天然胶乳的基本特性主要包括浓度、相对密度、黏度、表面张力、pH值。

胶乳的浓度可用总固体含量和干胶含量两种方法表示。胶乳是由乳清和橡胶烃组成的，因而从相对密度可以近似地衡量胶乳中橡胶烃的含量。橡胶烃的含量越高，胶乳的相对密度就越小。

一般总固体含量高者黏度高，但是同一总固体含量的胶乳，由于保存的方法、储存的时间、粒子的大小等不同，黏度会有差异。

表面张力的大小表明胶乳均匀分布于固体表面的性能——润湿性能的好坏。

pH 值反映体系的酸碱性，也表示胶乳的稳定性。对于碱性保护胶乳，pH 值越大胶乳稳定性越高。

12. 烟片胶与标准胶有什么区别?

烟片胶与标准胶是天然橡胶的两个主要品种，天然橡胶按制造工艺和外形的不同，分为烟片胶、标准胶、绉片胶等，如图 1.2 所示。

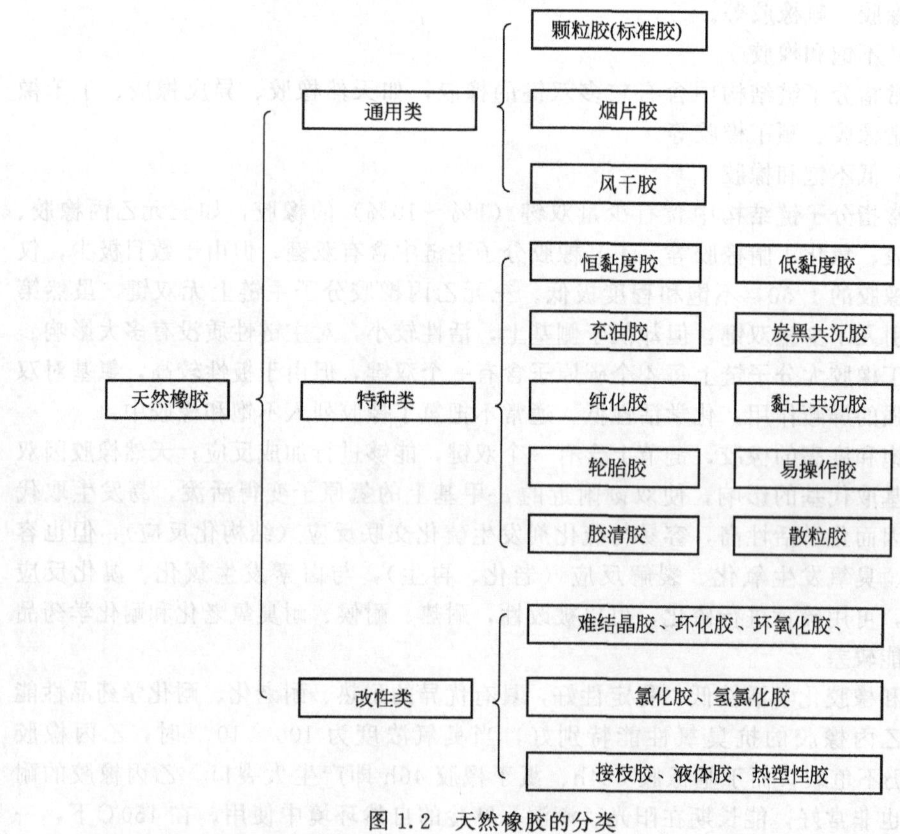

图 1.2 天然橡胶的分类

烟片胶与标准胶差别如下。

(1) 制造方法的不同

烟片胶 (RSS)：是天然胶乳经过滤、加入甲酸凝固后压成薄片状，将其烟熏干燥后制成的表面有棱纹的烟片胶，再打成胶包或胶块。

标准胶 (SCR)：也称为颗粒橡胶，是胶乳经过凝固后，加工成颗粒状的胶粒，干燥后再打包成胶块。

(2) 基本性能的差别

① 杂质含量：RSS>SCR，烟片胶外观着色较深，三号以上的烟片胶不宜用来制备浅色、卫生生活用品。

② 力学性能：RSS>SCR，烟片胶是天然橡胶中物理机械性能最好的胶种，因此，要求高强伸性能时，优先选用烟片胶。

③ 门尼黏度：RSS>SCR，标准胶胶质较软，更易加工。烟片胶一般要塑炼，标准胶可以不塑炼。

④ 耐老化性能：RSS≥SCR，由于烟片胶是以新鲜胶乳为原料，并且在熏烟干燥时，烟气中含有的有机酸和酚类物质，对橡胶具有防腐和防老化的作用，因此使烟片胶的胶片干、综合性能好、难结晶、保存期较长，是天然橡胶中物理机械性能最好的品种。

13. 天然橡胶（烟片胶、标准胶）如何分级？

烟片胶一般按外观质量分为 NO. 1X、NO. 1、NO. 2、NO. 3、NO. 4、NO. 5 及等外品七个等级，分别称为特一级（特一号）、一级（一号）、二级（二号）、三级（三号）、四级（四号）、五级（五号）烟片胶，代号为 RSS1X、RSS1、RSS2、RSS3、RSS4、RSS5，有时也用 RSSNO. 1X、RSSNO. 1、RSSNO. 2、RSSNO. 3、RSSNO. 4、RSSNO. 5 表示，其质量按顺序依次降低。

中国标准胶（SCR）一般按国际上统一的理化性能、指标来分级，这些理化性能包括杂质含量、塑性初值、塑性保持率、氮含量、挥发物含量、灰分含量及色泽指数七项。其中以杂质含量为主导性指标，依杂质的多少分为 5L 号、5 号、10 号、20 号和 50 号五个等级。代号分别为 SCR5L、SCR5、SCR10、SCR20、SCR50，也可称为浅 1 号、标 1 胶、标 2 胶、标 3 胶、标 4 胶，SCR 表示标准的中国（天然）橡胶，后面的数字表示胶料中杂质的含量（万分之几），L 表示浅色橡胶，可用来制作透明、彩色、浅色制品。SCR5L 含义：表示杂质含量为万分之五的浅色标准胶。由此可见号数越大，杂质含量越高，胶料性能越低。

其他国家生产的标准胶的代号分别为：SMR（马来西亚标准胶）、SIR（印度尼西亚标准胶）、TTR（泰国标准胶）、ISNR（印度标准胶）、SSR（新加坡标准胶）。

14. 天然橡胶主要成分是什么？对胶料性能影响如何？

天然橡胶（NR）是一种以异戊二烯为主要成分的天然高分子化合物。其成分分为两大部分：92%～95%橡胶烃和 5%～8%非橡胶烃。

橡胶烃的主要成分是聚异戊二烯，它决定了天然橡胶的主要性能，橡胶烃的含量越高，杂质含量较少，橡胶的物理机械性能越好。

非橡胶烃占 5%～8%，非橡胶烃主要成分是蛋白质类、丙酮抽出物、灰分、水溶物和水分等。

① 蛋白质有防止老化的作用，除去蛋白质，生胶老化过程会加快。蛋白质中的碱性氮化物及醇溶性蛋白质有促进硫化的作用。但是蛋白质在橡胶中易腐败变质而产生臭味，蛋白质易吸水，会使制品的电绝缘性下降。

② 丙酮抽出物主要是一些高级脂肪酸和固醇类物质。高级脂肪酸是一种硫化活性剂，可促进硫化，能增加胶料的塑性。而固醇类及某些还原性强的物质则具有防止老化的作用。

③ 灰分是一些无机盐类物质，主要成分为钙、镁、钾、钠、铁、磷等金属化合物，这些物质吸水性较大，会降低制品的电绝缘性，还因含微量的铜、锰等变价离子，使橡胶的老化速度大大加快。

④ 生胶水分过多，储存中易发霉，还影响橡胶的加工，例如混炼时配合剂结团不易分散，压延、压出过程中易产生气泡，硫化过程中产生气泡或海绵等。但1%以内的水分在橡胶加工过程中可以除去。

15. 天然橡胶属于哪种类型的橡胶?

橡胶的属性主要包括三个方面：极性、不饱和性（或饱和性）、结晶性。其他还有分子量及其分布、可填充性等。

天然橡胶是结晶的自补强性橡胶，在常温下是无定形的高弹态物质，在较低的温度下或应变条件下可以产生结晶。

天然橡胶是不饱和橡胶，每一个链节都含有一个双键，能够进行加成反应。此外，因双键和甲基取代基的影响，使双键附近的α-亚甲基上的氢原子变得活泼，易发生取代反应。所以容易与硫化剂发生硫化反应（结构化反应），与氧、臭氧发生氧化、裂解反应，与卤素发生氯化、溴化反应，在催化剂和酸作用下发生环化反应等。

天然橡胶是非极性橡胶，易溶于非极性溶剂和非极性油，因此天然橡胶不耐机油、环己烷、汽油、苯等介质，不溶于极性的丙酮、乙醇等，不溶于水，耐10%的氢氟酸、20%的盐酸、30%的硫酸、50%的氢氧化钠等。不耐浓强酸和氧化性强的高锰酸钾、重铬酸钾等。

天然橡胶是分子量分布较宽的橡胶，分子量绝大多数在3万～1000万范围内，分子量分布指数HI在2.8～10。随着分子量增大，支化程度增加，分布变宽。低分子量部分对加工有利，高分子量部分对性能有利。

16. 天然橡胶的性能特点是什么?

（1）天然橡胶的化学性质

易于硫化，但也容易老化，耐热性不高。这是由于天然橡胶是不饱和的橡胶，并存在活性α-H，因而化学活性高。

（2）天然橡胶的物理机械性能

拉伸强度、定伸应力、撕裂强度等物理机械性能好。这是由于天然橡胶分子结构规整性好，外力作用下易发生结晶，为结晶性橡胶，属于自补强性橡胶。

（3）天然橡胶的加工工艺性能

天然橡胶具有良好的加工工艺性能，很容易进行塑炼、混炼、压延、压出、成型等，并且硫化时流动性好，容易充模。这是由于天然橡胶分子量高、分子量分布宽，分子中α-甲基活性大，分子链易于断裂，再加上生胶中存在一定数量的凝胶成分。

天然橡胶主要应用于轮胎、胶带、胶管、胶鞋、电线电缆等多数橡胶制品，是应用最广的橡胶。

17. 如何提高天然橡胶胶料的硬度？

可以用下列方法来提高橡胶的硬度。

① 选择门尼黏度高的橡胶（分子量大、分子量分布窄）。

② 高硫黄配合，提高交联程度。

③ 高补强填充剂量或选用结构性高、粒径小、比表面积大的补强剂。

④ 低软化剂量或改用运动黏度高的增塑剂，如石油树脂。

⑤ 使用酚醛补强树脂等增硬剂。

⑥ 橡塑并用，如PE、EVA、苯乙烯树脂并用。

⑦ 减少炼胶次数和时间，防止过炼。

⑧ 化学改进，如SG-301合金橡胶，是由丙烯酸甲酯接枝到天然橡胶乳液中反应聚合而成的。材料的黏度和焦烧性能比高炭黑填充的胶料优越。经过具有塑料特性的Methylacrylate材料接枝改性，使得SG-301产品成为一种具有高硬度、高强度、高模量、优异的物理机械性能、抗冲击性、易加工特性的橡胶共混物，具有优异的耐屈挠、抗震性和耐蠕变性能，改善了天然橡胶的耐候性、老化寿命、耐酸碱性、耐磨性等。

18. 如何从金属骨架中将以天然橡胶为主的硫化胶分离出来？

① 溶胀，将要处理产品置于溶剂中浸泡一段时间再机械分离，适用于小制品。依据相似相溶原理，溶解天然橡胶生胶和混炼胶可选择汽油、苯、甲苯、二甲苯、松节油等溶剂。

② 火烧，要求燃烧尽可能彻底，否则效果不理想。

③ HT2分解液（强力疏通剂），但速度太慢，大概需要10d以上的时间，而且效果也不好。

④ 烘，置于烘箱或平板硫化机中，220～250℃处理1～2h，再进行分离。

19. 天然橡胶的最高耐温极限是多少？如何能提高天然橡胶的耐温性能？

一般配合的天然橡胶的长时间最高耐温极限是70～80℃，短时间接触可达

100℃。提高天然橡胶耐温性能的方法有：

① 并用 SBR、CR、EPDM。

② 采用过氧化物硫化体系，如 DCP（2～4）/S0.3。

③ 采用低硫高促或硫载体硫化体系，如 TT2/S0.3/M2.5、TT2.5/M2。

④ 采用高活性的防热氧型防老剂并适当提高用量。

20. 天然橡胶、丁苯橡胶怎样才能耐臭氧或动态力学性能好？

可以加 PPD 类的防老剂（4010NA、4020、4030、DNP、H、3100 等）、ETMDQ（AW）等，同时与物理防老剂微晶蜡并用，并提高防老剂的总用量 4～6 份。常用的组合有 4010NA/4020/微晶蜡。

如果是非污染性制品可以加抗臭氧剂 VULKAZONAFS，用二硫代氨基甲酸盐类防老剂，酚类的 264、2246，MB，微晶蜡，一般 0.5～2 份；另外硫化体系尽量用高促低硫体系。

并用 CR、EPDM，CR 具有优异的耐臭氧性能，又有很好的耐屈挠性能。

填充低结构碱性白炭黑可以减少动态生热以提高耐屈挠性能。

21. 如何使天然橡胶硫化后仍然保持原生胶的色调？

这实质就是透明或半透明的天然橡胶配合要求，稍微有点发黄的感觉，要从下面几点考虑。

① 所用材料必须纯度高、杂质少。

② 生胶应为浅色纯净的胶种，如 SCR5L、SCR5、RSS1X、RSS1、RSS2。

③ 必须加碳酸锌或透明氧化锌，不可使用普通氧化锌。

④ 硫化剂尽量使用过氧化物，如果采用硫黄硫化体系则硫黄用量要少，普通用量促进剂为 DM、M、H，可少量使用 TT、TS、D，不可用 CZ。

⑤ 尽可能使用一些高质量的透明白炭黑，并配用二甘醇、甘油、PEG，不要使用三乙醇胺。

⑥ 软化剂可以用透明性好的油品，如白油、锭子油、石蜡油或纯度高的树脂。

⑦ 防老剂一定是非污染的，如 264、2246、MB。

⑧ 工艺一定要保持干净卫生。

22. 合成天然橡胶（异戊橡胶）与天然橡胶有何区别？

合成天然橡胶——异戊橡胶（IR）是以异戊二烯为单体进行定向、溶液聚合而得的高分子聚合物。异戊橡胶的分子结构与天然橡胶相同，性能相近。

异戊橡胶与天然橡胶的性能区别如下。

① 异戊橡胶质量均一，纯度高，硫化速度稳定。

② 塑炼时间短，混炼加工简便。

③ 无色透明，适用于浅色配方和药用配方。

④ 膨胀和收缩小。

⑤ 流动性好，在注压或传递模压成型过程中，异戊橡胶的流动性优于天然橡胶。

⑥ 综合物理机械性能和加工工艺性能不如天然橡胶。

23. 丁苯橡胶（SBR）属于哪种类型的橡胶？

丁苯橡胶（SBR）是以丁二烯和苯乙烯为单体，经共聚合而得的合成橡胶。丁二烯与苯乙烯的共聚物种类很多，有乳液聚合丁苯橡胶、溶液聚合丁苯橡胶、热塑性丁苯嵌段共聚物（SBS）、树脂阴离子溶液聚合丁苯嵌段共聚物的K树脂、在聚丁二烯上接枝共聚苯乙烯而得的高抗冲聚苯乙烯（HIPS），丁苯橡胶只是其中的一种聚合产品。

丁苯橡胶是非结晶橡胶，分子结构不规整，丁二烯和苯乙烯两种单体在分子链内的结合顺序有很多形式，既有两种单体的相间排列，又有某一种单体数目不等的连续排列；分子结构中丁二烯有顺式-1,4、反式-1,4和1,2三种加成结构。丁苯橡胶无自补强性，纯胶硫化胶的拉伸强度很低，只有2～5MPa。必须经高活性补强剂补强后才有使用价值，其炭黑补强硫化胶的拉伸强度可达25～28MPa。

丁苯橡胶是不饱和橡胶，分子结构中丁二烯链节含有双键。

丁苯橡胶是非极性橡胶，是一种碳链橡胶，取代基属非极性基范畴，耐油性和耐非极性溶剂性差。丁苯橡胶是非结晶橡胶。

24. 丁苯橡胶SBR1500与SBR1502有什么区别？丁苯橡胶SBR1502E代表什么？

乳液聚合丁苯橡胶又可以分为高温乳液聚合丁苯橡胶和低温乳液聚合丁苯橡胶，后者应用较广，而前者趋于淘汰。最常用的低温乳液丁苯橡胶是1500系列，SBR1500和SBR1502是最主要的品种。

SBR1500与SBR1502主要区别：聚合时用的乳化剂不同，SBR1500用的是松香酸皂，SBR1502用的是松香酸皂和脂肪酸皂的混合皂。使用的稳定剂（防老剂）不同，SBR1500使用的是污染性胺类防老剂（如RD），因而SBR1500是污染性的丁苯橡胶，胶料呈褐色，主要用于制造黑色制品，不能用于彩色和浅色、透明橡胶制品；SBR1502使用的是非污染性防老剂（如2246、264），因而SBR1502是非污染性的丁苯橡胶，胶料呈淡黄色，可用于彩色和浅色、透明橡胶制品，当然也能用于制备深色和黑色制品。这里讲的污染性主要是对制品色彩的污染，有污染就不能制造彩色和浅色、透明橡胶制品。

在物理机械性能上，二者差别不是很大，SBR1500物理机械性能均较好，耐磨性、拉伸强度、撕裂强度和耐老化性较好，可用于轮胎胎面胶、输送带覆盖胶、胶管等；SBR1502拉伸强度、耐磨性、耐屈挠性较好，可用于轮胎胎侧、胶鞋、胶布等彩色和浅色、透明橡胶制品。但它们的差别可通过配方来调节，SBR1502

也可用于轮胎胎面胶、输送带覆盖胶、胶管等。

SBR1502E 中的 E 是“环保”英文首字母，表示橡胶符合欧盟 REACH 法规。SBR1502E 表示乳液聚合的时候添加的是环保型的不含亚硝胺的防老剂。而一般 SBR1502 添加的防老剂是非污染但是非环保型的。

25. SBR1712 与 SBR1778 有什么区别？

丁苯橡胶按是否充油分为普通丁苯橡胶和充油丁苯橡胶，丁苯橡胶 SBR1712 与 SBR1778 都是低温充油丁苯橡胶（1700 系列），不同的是充的油的品种不一样，SBR1712 为污染的充高芳烃油 37.5 份的品种，SBR1778 为非污染的充环烷油 37.5 份的品种。因而 SBR1712 只适用于制造黑色制品，而 SBR1778 可用于制造彩色、浅色、透明制品。

26. 乳液聚合丁苯橡胶（ESBR）与溶液聚合丁苯橡胶（SSBR）有什么区别？

丁苯橡胶按聚合方法不同可分为乳液聚合丁苯橡胶（ESBR）与溶液聚合丁苯橡胶（SSBR），它们主要区别如下。

① 聚合方式不同，溶液聚合丁苯橡胶（简称溶聚丁苯）（ESBR）就是在溶液的环境中进行聚合，乳液聚合丁苯橡胶（简称乳聚丁苯）（SSBR）就是在乳液的环境中进行聚合。溶聚的丁苯橡胶分子链更加规整、分子量分布窄，且残留催化剂较少，而乳聚丁苯中含非橡胶烃的成分较多。

② 乳聚丁苯橡胶的耐磨性不如溶聚丁苯橡胶。

③ 乳聚丁苯橡胶的抗湿滑性能不如溶聚丁苯橡胶。

④ 乳聚丁苯橡胶的纯净性也不如溶聚丁苯橡胶，溶聚丁苯橡胶可用于制作透明、彩色制品。

总之 ESBR 的综合性能较 SSBR 的好，特别是在轮胎应用中。

27. 与天然橡胶相比，丁苯橡胶有哪些特征？

与 NR 相比，SBR 具有下列优缺点。

① 纯胶硫化胶的拉伸强度很低。这是由于丁苯橡胶是非结晶橡胶，无自补强性。因此丁苯橡胶必须经补强后才有使用价值，其炭黑补强硫化胶的拉伸强度可达 25～28MPa。

② 硫化胶比天然橡胶有更好的耐磨性、透气性，但弹性、耐寒性、耐撕裂性差，多次变形下生热大，滞后损失大，耐屈挠龟裂性差（指屈挠龟裂发生后的裂口增长速度快）。这是由于丁苯橡胶分子结构中含有庞大的苯基侧基，使分子间作用力大。

③ 耐油性和耐非极性溶剂性差，丁苯橡胶是碳链橡胶，属于非极性橡胶。但由于结构较紧密，所以耐油性和耐非极性溶剂性、耐化学腐蚀性、耐水性均比天然

橡胶好。又因含杂质少，所以电绝缘性也比天然橡胶稍好。

④ 丁苯橡胶为不饱和橡胶，可用硫黄硫化，与天然橡胶、顺丁橡胶等通用橡胶的并用性能好。因不饱和程度比天然橡胶低，因此硫化速度较慢，加工安全性提高，表现为不易焦烧、不易过硫、硫化平坦性好。

⑤ 丁苯橡胶的用途与天然橡胶相近，主要应用于轮胎、胶带、胶管、胶鞋、电线电缆等多数橡胶制品，是应用最广的合成橡胶。

28. 通过什么方法能鉴别出是生胶、丁苯橡胶还是三元乙丙橡胶？

可以通过下列方法进行鉴别。

① 气味：丁苯橡胶有苯乙烯气味，而三元乙丙橡胶则有乙烯气味。

② 硫化速度：在相同硫化体系下 SBR 要比 EPDM 硫化速度快（硫化测定仪）。

③ 耐热性：丁苯橡胶最高使用温度在100℃，三元乙丙橡胶可达150℃，在150℃×(12～72)h进行耐热测试（老化箱)，耐热氧老化性差的为丁苯橡胶。

④ 耐较高臭氧浓度：在较高臭氧条件（如浓度 100×10^{-8}、温度40℃、伸长30%、时间8～24h）下，裂口多的为丁苯橡胶。也可将胶料在阳光下曝晒1～3d，出现裂口的为丁苯橡胶。

29. 什么是高苯乙烯橡胶？与丁苯橡胶有何区别？

苯乙烯和丁二烯的无规共聚物按苯乙烯含量可分为丁苯橡胶（苯乙烯质量分数23.5%±1%)、高苯乙烯橡胶（苯乙烯质量分数40%～70%）和高苯乙烯树脂(苯乙烯质量分数70%～90%)。

与丁苯橡胶相比，高苯乙烯橡胶具有下列特性。

① 高苯乙烯橡胶为易相互粘接的白色橡胶颗粒，无毒、无臭、可燃，具有杂质含量低、质量稳定的特点。

② 由于其组成中的苯乙烯含量较高，使其制品的耐磨性能、耐老化性能、硬度、刚性、撕裂强度和定伸应力大幅度提高。

③ 因含有双键，所以可用硫黄硫化，硫化后具有类似皮革的性能，可以制得色泽鲜艳、具有较高拉伸强度的产品，其耐热撕裂性、耐屈挠性和耐磨性好，在高硬下具有柔软性。

高苯乙烯具有优良的流变性能，加工性能优良，压延出型后，收缩率小、花纹清晰、胶件表面光滑、光泽好。

高苯乙烯橡胶广泛应用于制鞋行业作胶鞋底、发泡鞋底、鞋底海绵、鞋跟、仿牛皮鞋面等。因其电性能优越，也用作电绝缘材料。还可用于制作硬橡胶板、橡胶地板的补强剂，其并用量一般在30%～50%。高苯乙烯橡胶是由苯乙烯单体聚合而成的，其可与其他二烯类橡胶并用。

HS-860是一种常用的高苯乙烯橡胶，外观为白色固体，是一种非极性聚合物，具有良好的力学性能和弹性。与天然橡胶、顺丁橡胶和丁苯橡胶等有良好的相容性，并兼具补强作用，也可用于ABS、PS、AS等的增韧改性。在高温下也有一定的韧性和弹性，可以进行成型加工，也可进行硫化加工。

HS-860性能和用途：苯乙烯含量为60%～70%。无毒、无臭、可燃，杂质含量低，性能稳定。由于HS-860长链分子中的苯乙烯单体含量较高，赋予制品更好的耐老化性能、更高的硬度和刚性、更大的机械强度和撕裂强度。其良好的力学性能、弹性和优良的相容性使其具有广泛的用途。可与顺丁胶、天然胶及丁苯胶以任意比例共混，用于高强度仿革鞋底及发泡微孔鞋底、高级自行车浅色外胎、各种胶辊、胶板、电绝缘材料；与丁腈胶、氯丁胶共混，制造较高硬度的耐油橡胶制品，如纺织橡胶配件、耐油胶板、耐油胶辊等。

30. 丁二烯橡胶与顺丁橡胶是不是一回事？

顺丁橡胶是丁二烯橡胶最常用的一种。

丁二烯橡胶（BR）也称为聚丁二烯橡胶，是由丁烯单体在催化剂作用下通过溶液聚合制得的有规立构橡胶。丁二烯单体在聚合反应中可能生成顺式-1,4、反式-1,4以及1,2三种结构。

聚丁二烯橡胶按照结构可分为顺式-1,4结构聚丁二烯、反式-1,4结构聚丁二烯、1,2结构聚丁二烯（乙烯基丁二烯橡胶），其中顺式-1,4结构按含量的不同，可分为高顺式、中顺式和低顺式聚丁二烯三种类型。1,2结构聚丁二烯按含量分为中1,2结构聚丁二烯（中乙烯基丁二烯橡胶）、高1,2结构聚丁二烯（高乙烯基丁二烯橡胶）。

目前广泛使用的丁二烯橡胶顺式-1,4结构含量为90%～98%，属于高顺式结构，传统称为顺丁橡胶。

31. 顺式-1,4含量对丁二烯橡胶性能有什么影响？

丁二烯橡胶随着顺式-1,4含量增加其性能变化规律是：拉伸强度提高，伸长率提高，弹性提高，耐寒性提高，生热性提高，耐湿滑性下降，工艺性下降。

32. 丁二烯橡胶（高顺式）结构特征是什么？

丁二烯橡胶属于结构规整、无侧基的碳链橡胶。

丁二烯橡胶为结晶橡胶，但对温度、应变不敏感，因而为非自补强橡胶。

丁二烯橡胶为非极性橡胶，分子间作用力较小、分子链柔顺性好。

丁二烯橡胶是不饱和橡胶，每个结构单元上存在一个双键，但是因为双键一端没有甲基的推电子性而使得双键活性没有天然橡胶的大。

33. 丁二烯橡胶BR9000、BR9002、BR9003、BR9004有什么不同？

我国标准BR牌号为：

① BR9000、BR9002、BR9003、BR9004 均为 BR9000 镍系列丁二烯橡胶，主要是门尼黏度不同，门尼黏度依次增大。

② 门尼黏度大则分子量大，橡胶弹性好，永久变形小，强度高；但流动性不同，半成品收缩膨胀率大，工艺性不好。

③ BR9100 稀土系列（钕系）。

④ BR9071、BR9072、BR9073 为 BR9070 镍系充油系列丁二烯橡胶，主要是充油量不同，充油 HL-AR 分别为 15 份、25 份、37.5 份。

⑤ BR9171、BR9172、BR9173 为 BR9170 稀土充油系列丁二烯橡胶，主要是充油量不同，充油 HL-AR 分别为 25 份、37.5 份、50 份。

34. 丁二烯橡胶的性能特征是什么?

相比其他橡胶，BR 具有下列特性。

① 弹性最好，在通用橡胶中丁二烯橡胶弹性最好，这是由于丁二烯橡胶分子结构规整性好，无侧基，分子链非常柔顺，分子量分布较窄，因此弹性好。

② 耐低温性能最好，玻璃化温度为－105℃。

③ 滞后损失小，动态生热低，耐屈挠性能优异。

④ 耐磨性好，这是由于丁二烯橡胶分子摩擦系数小。

⑤ 抗湿滑性差。

⑥ 可填充量大，这是由于丁二烯橡胶分子链柔性好，润湿能力强，可比丁苯橡胶和天然橡胶填充更多的补强填料和操作油，有利于降低胶料成本。

⑦ 具有冷流性，这是由于丁二烯橡胶分子量较低，分子量分布较窄，分子链间的物理缠结点少，胶料贮存时具有冷流性。

⑧ 易使用硫黄硫化，也易发生老化，这是由于丁二烯橡胶属于不饱和橡胶。因含有双键，化学活性比天然橡胶稍低，故硫化反应速度较慢，而耐热氧老化性能比天然橡胶稍好。

⑨ 加工性能较差，这是由于丁二烯橡胶分子链非常柔顺，在机械力作用下胶料的内应力易于重新分配，以柔克刚，且分子量分布较窄，分子间作用力较小。

丁二烯橡胶广泛用于轮胎制造，所制出的轮胎胎面，在苛刻的行驶条件下，如高速、路面差、气温很低时，可以显著改善耐磨耗性能，提高轮胎使用寿命。还可以用来制造其他耐磨制品，如胶鞋、胶管、胶带、胶辊等，以及各种耐寒性要求较高的制品。

35. 1,2 结构聚丁二烯与高顺式 1,4 结构性能有什么不同?

1,2 结构聚丁二烯橡胶按 1,2 结构的含量分为中 1,2 结构聚丁二烯［中乙烯基聚丁二烯橡胶（MVBR)］、高 1,2 结构聚丁二烯［高乙烯基聚丁二烯胶(HVBR)］。

与高顺式-1,4 结构聚丁二烯橡胶相比，1,2-聚丁二烯橡胶特点如下。

① 1,2-聚丁二烯橡胶不易降解，耐热老化性优越。

② 耐湿滑性特别突出，远超过 BR 和 NR，稍强于 SBR。克服了高顺式丁二烯橡胶抗湿滑性差的缺点，适宜制造轮胎，可以改善轮胎的抗侧滑性及制动能力。NR/MVBR 并用胶料轮胎与 NR/MVBR/BR 并用胶料轮胎相比，抗侧滑能力提高了 10%，制动距离缩短了 17%。NR/MVBR/BR 并用胶料轮胎的行驶里程单耗较 NR/BR 并用胶料轮胎下降了 6%。

③ 1,2-PBR 硫化胶的强伸性能达到通用橡胶的水平，拉伸强度虽不及 SBR1712，但与 BR 相当。为获得综合性能良好的 1,2-PBR，除要控制分子量范围和构型比例外，尚需适当加宽分子量分布。

④ 辊筒行为优于通用胶，但挤出行为不如 NR、SBR 和 BR。在开炼时虽有轻度脱辊现象，但并用少量 IR、SBR、BR 胶种后即可消除。

⑤ 1,2-PBR 硫化曲线平缓，无最大转矩值，正硫化点不易确定，硫化速度比 BR 慢。而且随 1,2 结构含量的增加而变得更慢，但有利于同其他橡胶并用。

36. 为何丁二烯橡胶制品易出现掉块现象？

这是由于丁二烯橡胶使用时老化类型属结构化，即老化后交联程度增加，表现为胶料发硬发脆，加上其撕裂强度较低，因而在外力作用下易成块下掉。要减轻这一现象，可与其他橡胶如天然橡胶、丁苯橡胶等并用，通过减少硫黄用量（1.0～1.5 份），使初始交联密度不是很高。

37. 丁腈橡胶（NBR）分子结构如何？

丁腈橡胶（NBR）是由丁二烯和丙烯腈两种单体经乳液或溶液聚合而制得的一种高分子弹性体，其中丁二烯以反式-1,4 结构聚合。

丁腈橡胶是非结晶性橡胶，属于非自补强橡胶，这是由于丁腈橡胶是由丁二烯和丙烯腈两种结构单元无规共聚而得的无定形高聚物，丁腈橡胶分子结构不规整，不能结晶。

丁腈橡胶为极性橡胶，由于丁腈橡胶分子链上引入了强极性的氰基，丙烯腈含量越高，极性越强，分子间力越大，分子链柔性也越差。

丁腈橡胶是不饱和橡胶，因为丁腈橡胶分子链上存在双键。但双键数目随丙烯腈含量的提高而减少，即不饱和程度随丙烯腈含量的提高而下降。

38. 丁腈橡胶中丙烯腈含量对胶料性能有何影响？

丁腈橡胶依据丙烯腈含量可分成以下五种类型。

① 极高丙烯腈含量丁腈橡胶，丙烯腈含量 43%以上。

② 高丙烯腈含量丁腈橡胶，丙烯腈含量 36%～42%。

③ 中高丙烯腈含量丁腈橡胶，丙烯腈含量 31%～35%。

④ 中丙烯腈含量丁腈橡胶，丙烯腈含量 25%～30%。

⑤ 低丙烯腈含量丁腈橡胶，丙烯腈含量24%以下。

丙烯腈含量越高，极性越强，丁腈橡胶性能变化规律如表1.1所示。

表1.1　丙烯腈含量与丁腈橡胶性能关系

序号	性能	丙烯腈含量由低到高	序号	性能	丙烯腈含量由低到高
1	加工性能(流动性)	→降低	10	气密性	→提高
2	硫化速度	→减慢	11	抗静电性	→提高
3	密度	→增大	12	绝缘性	→降低
4	定伸应力、拉伸强度	→提高	13	耐磨性	→提高
5	硬度	→增大	14	弹性	→降低
6	耐热性	→提高	15	自黏互黏性	→提高
7	耐臭氧性能	→提高	16	生热性能	→增大
8	溶解度参数	→增大	17	包辊性能	→提高
9	耐油性	→增强	18	玻璃化转变温度	→升高

39. 国产丁腈橡胶NBR2626牌号是什么含义？

国产丁腈橡胶牌号，以NBR附四个数字表示。英文字母NBR表示为丁腈橡胶；数字中的前两位表示丙烯腈含量；第三位数字表示聚合条件和污染性：0硬丁腈橡胶（污）、1硬丁腈橡胶（非污）、2软丁腈橡胶、3硬丁腈橡胶（微污）、4聚稳丁腈橡胶、5羧基丁腈橡胶、6液体丁腈橡胶、7无规液体丁腈橡胶；第四位数字表示门尼黏度，数字越大门尼黏度越高。因而NBR2626表示丙烯腈含量为26%～30%，是软丁腈橡胶，门尼黏度为65～80。

NBR3606表示丙烯腈含量为36%～40%，是硬丁腈橡胶，有污染性，门尼黏度为65～79。相似有NBR1704、NBR2707、NBR3308。XNBR表示羧基丁腈橡胶，HNBR表示氢化丁腈橡胶。

40. 日本丁腈橡胶N220SH牌号代表什么含义？

日本合成橡胶公司（JSR）生产的丁腈橡胶产品牌号为JSRN2，后面还有两位数字和字母，可用JSRN2*XYEF*表示，其中：

*X*表示丙烯腈的含量，用1、2、3、4、5表示，1为特殊型、2为高丙烯腈型、3为中高丙烯腈型、4为中丙烯腈型、5为低丙烯腈型。

*Y*为生产序号，0～9。

*E*表示污染性，分别用P、S、空白表示，P为污染性、S为非污染性、空白为微污染性。

*F*表示门尼黏度，分别用H、L、空白表示，H为高门尼黏度型、空白为中低门尼黏度型、L为低门尼黏度型。

因此N220SH表示丙烯腈含量高、生产序号为0、非污染性、高门尼黏度、日本合成橡胶公司（JSR）生产的丁腈橡胶，其他如N230SH、N230SL、N240S、N250S、N260S等。我国吉林化学工业股份有限公司引进日本合成橡胶公司（JSR）技术生产的丁腈橡胶也采用此法表示。

41. 日本丁腈橡胶N41牌号代表什么含义？

日本瑞翁公司生产的丁腈橡胶采用商品名Ninpol，型号表示方法有两种，DN后缀三位数字和N后缀两位数字。

DN后缀数字中第一位表示丙烯腈含量：0、1、2、3、4分别表示结合丙烯腈含量为极高、高、中高、中、低五个等级，如为5则表示PVC共混型。

N后缀的第一位数字是2、3、4，表示丙烯腈含量，数字越大丙烯腈含量越小；第二位数字0表示标准型高温聚合，1表示标准型低温聚合，2表示压出和加工性良好，3表示低黏度且对金属腐蚀，4表示羧基丁腈橡胶。

因此N41表示丙烯腈含量低、标准型低温聚合、日本瑞翁公司生产的丁腈橡胶，其他如DN002、N21、N31等。

我国兰州石油化工公司引进日本瑞翁公司技术生产的丁腈橡胶也采用此法表示。

42. 我国台湾丁腈橡胶1052牌号代表什么含义？

台湾南帝化学工业股份有限公司生产的丁腈橡胶分为一般型、快速硫化型和特殊型，其型号采用四位数字表示，一般型开头以10表示；第三位表示不同黏度，3、4、5分别为60～75、75～90、40～60［ML(1＋4)100℃］；第四位表示丙烯腈含量，1、2、3分别表示高（39%～42%）、中高（32%～34%）、中（27%～30%）丙烯腈。

1052表示一般型、中高丙烯腈含量、低门尼黏度的丁腈橡胶，其他如1031、1041、1051、1032、1042、1053等。

43. 丁腈橡胶1845牌号代表什么含义？

这是朗盛公司生产的丁腈橡胶牌号，前面两位数字表示丙烯腈含量，后两位数字表示门尼黏度［ML(1＋4)100℃］。1845表示丙烯腈含量为18%，门尼黏度为45的丁腈橡胶，类似的还有2845、2865、3965等。

44. 为何丁腈橡胶主要用途是制作耐油制品？

（1）丁腈橡胶特性

优点：

① 丁腈橡胶耐非极性油较好，仅次于聚硫橡胶和氟橡胶，而优于氯丁橡胶，

这是由于丁腈橡胶中引入极性较高的氰基，提高了橡胶结构的稳定性，使得丁腈橡胶为极性较强的橡胶（在通用橡胶中极性最强）。

② 耐热性优于天然、丁苯、丁二烯通用橡胶，丁腈橡胶因含有丙烯腈结构，降低了分子的不饱和程度，由于氰基的较强吸电子能力，使烯丙基位置上的氢比较稳定。

③ 耐磨性较好，丁腈橡胶的极性增大了分子间力，使耐磨性提高。

④ 耐化学腐蚀性较好。

⑤ 气密性较好，丁腈橡胶的氰基以及分子中反式-1,4 结构，使其结构紧密，透气率较低，气密性提高。

⑥ 具有半导体性质，可导出静电，以免引起火灾，如纺织皮辊、皮圈、阻燃运输带等，绝缘性差。

缺点：

① 硫化胶的弹性、耐寒性、耐屈挠性、抗撕裂性差，变形生热大。丁腈橡胶的耐寒性比一般通用橡胶都差，T_b 为－20～－10℃。

② 丁腈橡胶因分子量分布较窄，极性大，分子链柔性差，以及本身特定的化学结构，使之加工性能较差。表现为塑炼效果低，混炼操作较困难，混炼加工中生热高，压延、压出的收缩率和膨胀率大，成型时自黏性较差，硫化速度较慢等。

③ 纯胶硫化胶的拉伸强度低，丁腈橡胶是非结晶性橡胶，无自补强性，纯胶硫化胶的拉伸强度只有 3.0～4.5MPa，必须经补强后才有使用价值，炭黑补强硫化胶的拉伸强度可达 25～30MPa。

（2）丁腈橡胶的应用

由于丁腈橡胶既有良好的耐油性，又保持有较好的橡胶特性，因此广泛用于各种耐油制品。高丙烯腈含量的丁腈橡胶一般用于直接与油类接触、耐油性要求比较高的制品，如油封、输油胶管、化工容器衬里、垫圈等。中丙烯腈含量的丁腈橡胶一般用于普通耐油制品，如耐油胶管、油箱、印刷胶辊、耐油手套等。低丙烯腈含量的丁腈橡胶用于耐油性要求较低的制品，如低温耐油制品和耐油减震制品等。丁腈橡胶还可与其他橡胶或塑料并用以改善各方面的性能，最广泛的是与聚氯乙烯并用，以进一步提高它的耐油、耐臭氧老化性能。

45. N21 与 JSR220S 性能对比如何？

N21 与 JSR220S 性能对比如表 1.2 所示。

表 1.2　丁腈橡胶 N21 与 JSR220S 性能比较

序号	项目	比较	序号	项目	比较
1	ACN 含量	JSR220S(41%)＞N21(40.5%)	3	硬度	N21＞JSR220S
2	门尼黏度	JSR220S(56)＜N21(82.5)	4	拉伸强度	N21＞JSR220S

续表

序号	项目	比较	序号	项目	比较
5	扯断伸长率	N21>JSR220S	10	价格	N21<JSR220S
6	300%定伸应力	JSR220S>N21	11	压缩永久变形	N21<JSR220S
7	耐磨性	JSR220S>N21	12	耐油性	N21>JSR220S
8	耐热性	相当	13	硫化速度	相当
9	加工性能	JSR220S>N21			

46. 液体丁腈橡胶（LNBR）的作用是什么？

普通的丁腈橡胶（生胶）是具有一定弹性的胶块，表观呈近似固体状态，但当丁腈橡胶分子量较小时，则可呈现为可流动的黏稠液体状态，此时就变成了液体丁腈橡胶（LNBR）。LNBR 通常不作为橡胶使用，而是作为增韧剂、增塑剂使用。在橡胶硫化过程中液体丁腈是“可共硫化”的（硫黄或过氧化物硫化体系），可与 NBR、CR、ACM、FKM、CSM、ECO、SBR 等共硫化，在制品中无迁移及制品在溶剂中无抽出，提高了制品耐老化及耐化学品性能。因而可作为反应型增塑剂用于丁腈橡胶、丙烯酸酯橡胶、氟橡胶、氢化丁腈橡胶、氯丁橡胶等；还可作为增韧剂、增塑剂用于 PVC 树脂、SBS/ABS 等。可改进橡胶以下性能。

① 改进加工操作性（胶料的流动性、低硬度橡胶的挺性、高硬度橡胶的柔性、橡胶加工时的自黏性等）。

② 提高低硬度橡胶制品的物理性能及加工性能。

③ 当与白炭黑或黏土一起使用时可改进力学性能。

④ 当使用 LXNBR 时可改进与金属材料、玻璃材料间的黏着力。

47. 羧化丁腈橡胶与普通丁腈橡胶有什么不同？

羧基丁腈橡胶系由丁二烯、丙烯腈和有机酸（丙烯酸、甲基丙烯酸等）三元共聚而成，简称 XNBR，相对密度 0.98～0.99。在丁腈橡胶中引入羧基增加了橡胶的极性，可改进其拉伸强度、撕裂强度、硬度、耐磨性、黏着性和抗臭氧老化性，特别是可改善高温下的拉伸强度。同时可用金属氧化物硫化增加交联。另外极性的增大可提高其与 PVC 和酚醛树脂的相容性，赋予高强度，具有良好的粘接性和耐老化性，改进耐磨性和撕裂强度，进一步提高耐油性。并用胶的性能可达到：拉伸强度 25.5～26.5MPa，扯断伸长率 310%～380%，撕裂强度 51.0～55.9kN/m。

48. 氢化丁腈橡胶与普通丁腈橡胶有什么不同？

氢化丁腈橡胶（HNBR）是由丁腈橡胶进行特殊加氢处理而得到的一种特种橡胶，一般分完全饱和与低不饱和两种。完全饱和的不能用硫黄硫化，能用过氧化物硫化；低不饱和的有少量双键残留，可以用硫黄硫化。

相比于丁腈橡胶，氢化丁腈橡胶特性如下。

① 保持原丁腈橡胶的良好耐油性能（对燃料油、润滑油、芳香系溶剂耐抗性良好）。

② 由于其高度饱和的结构，使其具有更好的耐热性能，常规丁腈橡胶使用温度为100℃，特殊配方可以在150℃下使用；而氢化丁腈橡胶常规使用温度为130～180℃，可以达到200℃或更高，视配方和生胶而定。

③ 优良的耐化学腐蚀性能（对氟利昂、酸、碱具有良好的抗耐性）。

④ 优异的耐臭氧性能。

⑤ 较高的抗压缩永久变形性能。

⑥ 耐低温可达到－50℃。

⑦ 氢化丁腈橡胶还具有高强度、高撕裂性能、耐磨性能优异等特点。

总之氢化丁腈橡胶是综合性能极为出色的橡胶之一。

49. 氢化丁腈橡胶主要应用在哪些方面？

HNBR的耐高温性为130～180℃，耐寒性为－55～－38℃，且力学性能优良，与其他聚合物相比更能满足汽车工业的要求。用ZnO/甲基丙烯酸（MAA）补强的HNBR可制作三角带、等规三角带、多用三角环的底层胶、隔振器等，也可制作密封圈、密封件、耐热管等。在石油钻井中，要求橡胶制品必须耐受高温、高压、酸、胺、H_2S、CO_2、CH_4等蒸气的考验。而用HNBR制作的各种制品，可耐酸、耐油、耐溶剂。用ZnO/MAA补强的HNBR可用于制作钻井保护箱和泥浆泵用活塞。此外，采用打浆法将HNBR制成纸型垫圈可用作石油工业及汽车工业的密封垫圈。HNBR的耐热、耐辐射性能比硅橡胶、氟橡胶、聚四氯乙烯要好，适宜作发电站的各种橡胶密封件，也用于制作液压管、液压密封、发电站用电缆护套，还可制作印刷和织物辊筒、武器部件及航天用密封件、覆盖层、燃油囊等；HNBR胶乳可用作表面涂层（画），纺织、纸张、皮革、金属、陶瓷、无纺布纤维用的黏合剂，以及发泡橡胶、浸渍胶乳产品等。此外，用ZnO/MAA、过氧化物、高耐磨炉补强的HNBR，其综合性能比普通HNBR要好。

50. 氢化丁腈橡胶与其他橡胶耐热性能对比如何？

氢化丁腈橡胶与其他橡胶耐热性能对比如表1.3所示。

表1.3 氢化丁腈橡胶与其他橡胶耐热性能对比

序号	橡胶品种	代号	一般温度范围	典型应用
1	丁腈橡胶	NBR	－40～＋120℃	耐油橡胶
2	氢化丁腈橡胶	HNBR	－50～＋180℃	机械强度好，综合性能好
3	三元乙丙橡胶	EPDM	－55～＋150℃	耐热水、水蒸气，耐臭氧性好

续表

序号	橡胶品种	代号	一般温度范围	典型应用
4	硅橡胶	VMQ	−60～+175℃	耐高低温性好，耐臭氧性好
5	氟硅橡胶	FVMQ	−60～+225℃	耐高低温性好，耐油、耐燃
6	氟橡胶	FPM	−20～+204℃	耐高温、耐化学腐蚀、耐油
7	四丙氟橡胶	FEPM	−15～+200℃	耐酸、碱、氨、胺性好
8	全氟(醚)橡胶	FFKM	−42～+327℃	耐化学腐蚀和耐高温性最好

51. 丁腈橡胶耐寒能达到−40℃？耐高温能达到150℃？

丁腈橡胶可耐−40℃低温，采用低丙烯腈含量的生胶如1845，并用耐寒性较好的增塑剂如DOS、DOA，适当提高含胶率。

长期耐150℃的高温很难，短时间接触尚可，NBR一般最高使用温度为120～140℃。

耐高温的程度与所处的介质有关，在空气中（含氧高的）要低些，在油类中要高些。

普通丁腈橡胶很难同时耐低温（−40℃）和高温（150℃）。而氢化丁腈橡胶HNBR在−40～150℃使用是没有问题的。

52. 如何提高高硬度NBR的弹性？如何让丁腈橡胶硬度很低？

提高高硬度NBR的弹性可采取如下措施：

① 使用低丙烯腈含量牌号和提高含胶率。

② 采用低结构填料。

③ 采用碱性白炭黑。

④ 过氧化物硫化体系中添加TAIC、HVA2、甲锌，可以大大提高回弹性和硬度。

超低硬度NBR配合时要注意：

① 选用充油丁腈橡胶。

② 加入较大量的油膏。

③ 填料少加，以白炭黑为主以提高强度，白炭黑的表面羟基导致它的橡胶补强具有选择性，对极性橡胶补强好，而在非极性橡胶里面，补强就没有那么好了。针对NBR来说，白炭黑的补强比炭黑的还好。

④ 少量的硫化剂。

⑤ 可适当缩短硫化时间，让胶料有少量的欠硫。

53. 丁腈橡胶耐食用油吗？

食用油是非极性的，丁腈橡胶是极性的，二者不相溶。配合时要注意以下几点。

① 丁腈橡胶能耐食用油，但配合时要注意生胶和配合剂的毒性，使用卫生或食品级材料。

② 加工过程也要注意卫生和安全，保持胶料清洁。

③ 硫化胶要进行适当的消毒卫生处理，如水煮等。

54. 怎样识别产品是NBR还是HNBR制作的?

① 用燃烧实验法就可以区别了，燃烧时有黑烟的是NBR，HNBR燃烧时没有浓浓的黑烟。

② 170℃×(12～24)h 热空气老化，变硬脆化的是NBR，还有弹性的是HNBR。

③ 测碘值，高的是NBR，低的是HNBR。

55. NBR低门尼胶和高门尼胶的选用原则是什么?

硬度与门尼黏度的关系不大，至少没有直接的关系。选用原则如下。

高硬度-低门尼，为了达到高硬度，必须加入较多份数的补强填料，混炼胶黏度随着填料用量的增加而增大；高硬度-高填充量，随之而来的是黏度增大，混炼加工困难，所以推荐选用低门尼黏度的生胶。而门尼黏度低的胶料分子量小，容易吃粉，混炼工艺较好。

但对NBR橡胶来说，随着填充量的增加，混炼胶黏度变化并不大；混炼胶黏度主要取决于生胶的门尼黏度，所以从这个特性出发，就不一定按照高硬度-低门尼、低硬度-高门尼来选择生胶了。注意这里说的NBR生胶是低温冷丁腈，也就是现在大家都在使用的NBR。

56. NBR橡胶没加硫黄时的硬度比加完硫黄后的硬度高是怎么回事?

① 用纯过氧化物体系混炼测试，然后再加硫黄，门尼黏度降低了。有人认为是因为硫黄的加入，但真实原因是，混炼胶返炼使胶料的门尼黏度降低了，也就是说后面不加0.5份的硫黄，混炼胶返炼后胶料门尼黏度也会降低。

② 在原配方中，过氧化物体系的交联程度高，而在过氧化物体系中并入了硫黄，其交联程度降低了，所以硬度也相应降低。

57. 硬度35～95的丁腈橡胶可以达到－60℃不断的效果吗?

－60℃不断裂纯胶即使并用低温醚类增塑剂都困难，需用低丙烯腈含量的丁腈橡胶(18%)并用顺丁胶，DCP硫化，配以适当增塑剂(DOS、9210、OT)，但会影响其耐油性。

硬度95的纯丁腈橡胶要达到耐－60℃低温就很困难。

58. 丁腈橡胶耐臭氧吗？

一般配合的丁腈橡胶耐臭氧性较差，可从下面几方面改进NBR的耐臭氧性。

① 用中高ACN的丁腈橡胶，加2～5份石蜡，1.5份的4020，再加AW和BLE各1份。

② 并用30份PVC容易实现。

③ 对硫黄硫化体系，4010NA 3份＋AW 2份＋蜡2份、微晶蜡2份＋4020 3份＋NBC 0.5份就可以了。

59. NBR/PVC橡塑合金材料，如何使做出来的胶料在－10℃左右冷冻后发硬不严重？

① 用ACN含量低的NBR生产橡塑合金。

② 减少PVC的比例。

③ 混炼胶配方中加耐低温增塑剂，如液体NBR、DOS。

60. 如何在补强填充剂70份以下，使浅色HNBR胶DCP硫化达到98的硬度？

① 生胶门尼黏度尽量选低的，也可加入液体生胶。

② 可以试试低聚酯，在混炼胶里充当增塑剂，硫化时参加反应增硬。甲基丙烯酸锌，既可增大硬度又可提高弹性。

③ 使用增硬剂，如苯甲酸。

④ 填料可选用粒径小、结构性高的白炭黑。

61. 氢化丁腈橡胶耐制冷剂R410a配方的设计应注意哪些方面？

制冷剂R134a的化学名称为1,1,1,2-四氟乙烷，分子式为CH_2FCF_3，属HFC（在氟里昂家族中含氟而不含氯的物质）。由于其分子中不含氯原子，因而其ODP值（臭氧破坏潜能）为零，且无毒，又因其分子含氢原子少，化学稳定性较好，不燃烧，是一种较理想的替代物。

由于R134a的分子小，渗漏性较强。同时R134a是非溶于矿物油的制冷剂，且具有很强的水解性能，原用于冰箱的矿物性冷冻油已不能满足压缩机的润滑要求，目前多采用新型合成油多元醇（PAG）或酯类油（ester）来与之相匹配。由于R134a腐蚀性强，冰箱电机漆包线的耐氟等级要求更高，对一般橡胶制品如密封垫、连接用胶管的材料也有腐蚀作用。这些都对密封材料的选用及气密试验提出了更高的要求，因此原来的丁腈橡胶（NBR）已不能使用，要采用氢化丁腈橡胶（HNBR）等材料替代。配方设计注意如下几点：

① HNBR用低ACN。

② DCP硫化体系，加少量的硫黄可提高回弹性，同时也能改善撕裂性能。

③ 回弹性要好，填料不要用白炭黑。

④ 对于氢化度较低的硫化体系也可采用硫黄硫化。

62. 橡胶回弹率与压缩永久变形关系如何？

回弹率高不是低压缩永久变形和橡胶的弹性的必要条件，多硫键的弹性好，而压缩永久变形大，是因为多硫键的键能低，流动性好，同时耐热性较差。所以调节压缩永久变形应该减少硫黄的用量，增加促进剂的用量（S/CZ/DPTT＝1.5/0.6/1.5)，或用过氧化物硫化体系比较好。

63. 如何提高丁腈橡胶的弹性？

① 生胶丙烯腈含量低、门尼黏度高。

② 合适的硫化体系。一般用过氧化物硫化比硫黄硫化好，硫黄硫化体系应采用低硫高促或者与过氧化物并用硫化体系。较好的硫黄硫化体系配合有：S/TT/DM（1.5/0.6/1.5），S/CZ/TT/TE（0.5/1.5/0.8/1.5），S/TT/DM/DCP（0.5/0.5/1.5/1.75），DCP/S/CZ（1.6/0.4/0.8），TT/DM/S。压缩永久变形低可用DCP2 或 S0.9/TT1.5。

③ 较高的含胶率。

④ 粒径大、低结构性的炭黑。

⑤ 混炼均匀一致。

64. 氯丁橡胶（CR）属于哪些类型的橡胶？

氯丁橡胶（CR）是氯丁二烯（2-氯-1,3-丁二烯）经过乳液聚合而得的，称为聚氯丁二烯橡胶，简称氯丁橡胶。

氯丁橡胶属于结晶橡胶，并具有自补强性，氯丁橡胶的结构单元中以反式-1,4结构居多（85%），分子规整度高，结晶度高。因氯丁橡胶结构规整性较强，因而比天然橡胶更易结晶。

氯丁橡胶属于极性橡胶，氯丁橡胶由于分子中引入电负性较大的氯原子，使其成为极性橡胶，增加了橡胶分子间作用力，使分子结构较紧，分子链柔性较差。

氯丁橡胶主链上含有双键，本属于不饱和橡胶，但由于氯原子连接在双键一侧的碳原子上，氯原子与双键产生诱导效应，使双键和氯原子的活性大大降低，提高了氯丁橡胶的稳定性。由于氯原子连接在双键一侧的碳原子上，产生了较强的诱导效应和屏蔽效应，使双键和氯原子的活性大大降低，从而提高了氯丁橡胶的结构稳定性。通常已不把氯丁橡胶列入不饱和橡胶的范畴内。

由于氯丁橡胶在燃烧时放出氯化氢，起阻燃作用，因此遇火时虽可燃烧，但切断火源即自行熄灭。氯丁橡胶的耐延燃性在通用橡胶中是最好的。

65. 氯丁橡胶牌号 CR1211 有哪些含义?

氯丁橡胶可以分类如下：按聚合时加入的分子量调节剂（终止剂）不同分为硫黄调节型（简称 G 型）、非硫黄调节型（简称 W 型或 54-1 型）、混合型、专用型（粘接型和其他特殊用途型）。

氯丁橡胶牌号：氯丁橡胶是由氯丁二烯经乳液聚合而成的橡胶，按用途氯丁橡胶可分为通用型、专用型，其中通用型国产氯丁橡胶牌号中的英文字母 CR 表示氯丁橡胶，SCR 表示氯苯橡胶。第一位数字表示氯丁橡胶的类型，1 为硫黄调节型、2 为非硫黄调节型、3 为混合型。第二位数字表示氯丁橡胶的结晶程度，0 为无结晶、1 为微结晶、2 为低结晶、3 为中结晶、4 为高结晶。第三位数字表示不同的分散剂和污染程度，1 为石油磺酸钠（污染型）、2 为石油磺酸钠（非污染型）、3 为二萘基甲烷磺酸钠（污染型）、4 为二萘基甲烷磺酸钠（非污染型）、6 为中温聚合、8 为接枝专用。第四位数字表示胶料的黏度，按黏度由低向高分档，分别用 1、2、3 表示 20～35、36～60、61～75［ML(1＋4)100℃］。例如 CR1211 表示黏度为低档（门尼黏度为 20～35）、分散剂为石油磺酸钠（污染型）、结晶程度为低结晶的硫黄调节型氯丁橡胶。

66. 硫黄调节型和硫醇调节型氯丁橡胶有什么区别?

硫黄调节型和非硫黄调节型聚合时加入的分子量调节剂（终止剂）不同：硫黄调节型（简称 G 型）为硫黄，硫醇调节型（非硫黄调节型）（简称 W 型或 54-1 型）为硫醇。

性能上区别如下。

① 硫黄调节型氯丁橡胶分子量约为 10 万，分子量分布较宽。硫醇调节型氯丁橡胶分子量为 20 万左右，分子量分布较窄，分子结构比 G 型更规整，1，2 结构含量较少，结晶性较高。

② 硫黄调节型氯丁橡胶分子主链上含有多硫键，而非硫黄调节型分子主链中不含多硫键，由于多硫键的键能远低于 C—C 键键能，因而硫黄调节型氯丁橡胶化学稳定性较差。

③ 硫黄调节型氯丁橡胶储存稳定性差，在一定条件下（如光、热、氧的作用）容易断裂，生成新的活性基团，导致发生歧化、交联而失去弹性。

④ 硫黄调节型氯丁橡胶塑炼时，易在多硫键处断裂，形成巯基（—SH）化合物，使分子量降低，故有一定的塑炼效果。

⑤ 硫黄调节型氯丁橡胶物理机械性能良好，尤其是回弹性、撕裂强度和耐屈挠龟裂性均比硫醇调节型氯丁橡胶好。硫醇调节型氯丁橡胶硫化胶有良好的耐热性和较低的压缩永久变形性。

⑥ 硫黄调节型氯丁橡胶硫化速度快，用金属氧化物即可硫化，加工中弹性复原性较低，成型黏合性较好，硫醇调节型氯丁橡胶成型时黏性较差，硫化速度慢。

⑦ 硫黄调节型氯丁橡胶易焦烧，并有粘辊现象，硫醇调节型氯丁橡胶加工过程中不易焦烧，不易粘辊，操作条件容易掌握。

67. 如何改善氯丁橡胶粘辊现象？

① 氯丁橡胶的炼胶温度应低，但不能过低，否则剪切力不够，配合剂分散不开。但氯丁橡胶炼胶生热高，所以要注意冷却，温度约50℃为宜。

② 配方中加一些润滑剂如石蜡、凡士林、硬脂酸等，或直接先洒在（擦在）辊筒上。

③ 氯丁橡胶可以与天然橡胶并用以改进加工性能、提高粘接强度。氯丁橡胶与顺丁橡胶并用，弹性、耐磨性和压缩生热可以得到改善，但耐油性、抗臭氧性和强度降低。

68. 为什么氯丁橡胶称为万能橡胶或多功能橡胶？

由于氯丁橡胶物理机械性能较好，其用途广泛。

优点：

① 氯丁橡胶的拉伸强度、扯断伸长率、回弹性、撕裂强度等物理机械性能较好，分子规整度高，易结晶。

② 耐热、耐臭氧、耐天候老化、耐燃、耐油、黏合性等特性较好，氯丁橡胶分子中含有氯，属于极性橡胶。

③ 有阻燃作用。

缺点：

① 耐寒性不好，因低温结晶，使橡胶拉伸变形后难于恢复原状而失去弹性，甚至发生脆折现象。氯丁橡胶的玻璃化温度为－40℃，低温使用范围一般不超过－30℃。

② 绝缘性差，这是因为氯丁橡胶分子中含有极性氯原子。

③ 易出现粘辊，由于极性氯原子的存在，使氯丁橡胶在加工时对温度的敏感性强，当塑、混炼温度超出弹性态温度范围（弹性态温度：G型为常温～71℃，W型为常温～79℃），温度高时，会产生粘辊现象，造成操作困难。

④ 储存稳定性差，由于氯丁橡胶的结晶倾向大，胶料经长期放置后，会慢慢硬化，致使黏着性下降，造成成型困难，尤其是W型氯丁橡胶。可以通过聚合时严格控制聚合转化率，并加入防老剂，生胶储存温度低一些，尽量减少受热历程等来进行改善。

由于氯丁橡胶在室温下也具有从α型聚合体（线型）向μ型聚合体（交联型）转化的性质，即焦烧（自交联）现象，因此储存稳定性较差。经长期储存后，出现塑性下降、硬度增大、焦烧时间缩短、硫化速度加快的现象，在加工中则表现为流动性差、黏合性低劣、压出胶坯粗糙、易焦烧，严重时导致胶料报废。

氯丁橡胶可用来制造轮胎胎侧、耐热运输带、耐油及耐化学腐蚀的胶管、容器衬里、垫圈、胶辊、胶板、汽车和拖拉机配件、电线、电缆包皮胶、门窗密封胶条、橡胶水坝、公路填缝材料、建筑密封胶条、建筑防水片材、某些阻燃橡胶制品及胶黏剂等。

69. 氯丁橡胶为何具有阻燃性？与国外的比较，国产氯丁橡胶差距在哪里？

燃烧的三个基本条件是燃料、氧、温度，只要任一条件达不到燃烧要求都无法进行。氯丁橡胶的阻燃性在通用橡胶中是最好的，由于氯丁橡胶在燃烧时放出的氯化氢分布在胶料表面，切断胶和氧的接触，同时稀释空气中氧的浓度，从而阻止了燃烧继续进行。

与国外品牌相比，国产CR主要差距如下：

① 不好加工操作。

② 混炼时易粘辊，特别是硬度低于65的时候。

③ 不太好储存，容易发霉、结块、粘连在一起。

④ 太容易结晶。

⑤ 质量稳定性差。

⑥ 压缩永久变形差。

⑦ 工艺性差，储存不稳定。

⑧ 价格便宜。

70. 氯丁橡胶并用少量丁二烯橡胶后其脆性温度为什么不变？

当并用丁二烯橡胶份数少时（小于20份），由于从结构上对氯丁橡胶影响不大，仍以氯丁橡胶为分散介质，不会影响脆性温度。并用BR除了能解决粘辊问题外，物理机械性能会下降。想获得高的强度就用纯的CR配方。炭黑品种对CR的影响不是很大，但炭黑的混炼生热对胶料的焦烧时间影响很大。用纯CR配方可选用软质炭黑。属于自补强型。

71. 如何降低氯丁橡胶制品的吸水率？

可以从下面几个方面来降低CR制品的吸水率。

① 配方尽量简单，少加助剂。

② 提高交联度是关键。

③ 如果可以，并用少量非极性橡胶，例如天然橡胶。

④ 氯丁橡胶分子链极性较强，吸水，尽量少加水溶性的助剂。

⑤ 多加不吸水的填料，如$BaSO_4$或高岭土。

⑥ 降低含胶率，多加油。

⑦ 使用铅硫化体系，但这一体系不环保。

72. 如何阻止氯丁橡胶结晶或延迟结晶？

可从下列方面来阻止CR结晶或延迟结晶。

① 配用DOA、DOS、DOP等低温增塑剂。

② 选用微结晶牌号的CR，耐低温牌号比较好的是DCR66，可以做到耐低温−50℃。

③ 物性要求满足的情况下并用部分BR。

④ 可以选择低门尼黏度和低结晶的牌号，比如电化的PS40A耐低温结晶性比较好。

73. 怎样才能使氯丁橡胶具有低压缩永久变形性?

可从下列几个方面降低CR的压缩永久变形性。

① 增加氧化锌的用量可以提高产品的交联度。

② 选用耐热性防老剂，如MB。

③ 少用油。

④ 提高胶料的含胶率。

⑤ 进行二次硫化。

⑥ 用颗粒大的填料。

⑦ 用Vulkacit CRV（3-甲基噻唑烷硫酮-2）代替NA-22。

74. 如何防止氯丁橡胶污染模具?

应注意下列几点。

① 用洗模液经常清洗模具。

② 保持硫化程度充足。

③ 电镀模具。

④ 添加聚乙烯蜡3份，其他的蜡不要加。

⑤ 混炼后停放一天，再回炼后使用。

⑥ 少用树脂类物质或混炼时分散均匀。

75. 氯丁橡胶耐高温强碱吗?

当温度在150℃以下时，一般浓度的酸、碱对氯丁橡胶来说都没有问题。

对于强碱，当温度为90～95℃时，pH大于13时氯丁橡胶就不能耐受了，pH小于13时才可行。

建议选择CSM或者EPDM。

76. 丁基橡胶（IIR）属于哪种类型的橡胶?

丁基橡胶（IIR）以异丁烯与少量异戊二烯为单体，以一卤甲烷为溶剂，通过阳离子聚合得到。

丁基橡胶属于非极性橡胶，丁基橡胶分子主链主要由C—C单键组成，取代基为侧甲基，没有极性基团，属于非极性橡胶。

丁基橡胶属于低不饱和度橡胶，丁基橡胶分子主链周围有密集的侧甲基，主链上含有双键，但含量极少（0.6%～3.3%），不饱和程度极低，仅为天然橡胶的1/50。

丁基橡胶为结晶性橡胶，丁基橡胶结构较规整，属于自补强橡胶，未补强橡胶的强度可以达到14～21MPa，为了提高耐磨及抗撕裂性能，仍需补强。

77. 不饱和度对丁基橡胶的性能有什么影响？

丁基橡胶按不饱和度的大小分为五级，其不饱和度分别为0.6%～1.0%、1.1%～1.5%、1.6%～2.0%、2.1%～2.5%、2.6%～3.3%。随着橡胶不饱和度的增加，其性能变化规律如下。

① 硫化速度加快，硫化程度增大。

② 因硫化程度充分，耐热性提高。

③ 耐臭氧性、耐化学药品侵蚀性下降。

④ 电绝缘性下降。

⑤ 黏着性和相容性好转。

⑥ 拉伸强度和扯断伸长率逐渐下降，定伸应力和硬度不断提高。

78. 生胶门尼黏度对丁基橡胶的性能有什么影响？

黏度是流体流动性，黏度越大流动性越差。橡胶在高温下呈黏稠性，无法用低分子量液体黏度测定法测定，一般用门尼黏度表示，生胶门尼黏度值的高低，反映了橡胶分子量的高低。门尼黏度值增大，分子量亦大，硫化胶的拉伸强度提高，压缩变形减小，低温复原性更好，但工艺性能恶化，使压延、压出困难。

79. 为什么丁基橡胶的致密性能好？

丁基橡胶的分子主链周围有密集的侧甲基，分子链柔顺性差，结构紧密，因此其气密性是所有通用橡胶中最好的。

80. 丁基橡胶268、301牌号的含义是什么？

ExxonButyl系列牌号以三位数字表示：第一位数字表示不饱和度，0、1、2和3分别表示不饱和度范围为0.6%～1.0%、1.0%～1.4%、1.5%～2.0%和2.1%～2.5%；第二位数字表示防老剂类型，0表示未加防老剂，6表示加非污染型防老剂，其他数字则表示加不同的污染型防老剂；第三位数字表示门尼黏度，如ExxonButyl 268表示不饱和度为1.5%～2.0%，非污染型。

81. 为什么丁基橡胶不能用过氧化物硫化？

丁基橡胶生产商采用的硫化体系基本上分为硫黄硫化体系（包括硫黄给予

体）和树脂硫化体系两大类。但不能用过氧化物硫化体系硫化，这是因为分子结构上存在叔碳结构，当采用过氧化物时过氧化物分解产生的自由基能引起丁基橡胶的裂解。一般来说，使用硫黄硫化体系可以获得加工工艺性和硫化胶性能等较佳的胶料；使用醌类硫化体系可以获得硫化密实和具有优异耐热、耐臭氧的硫化胶；使用树脂硫化体系可以获得好的耐高温性能，用量随不饱和度不同而加减。

82. 普通丁基橡胶与卤化丁基橡胶有什么区别？氯化丁基橡胶与溴化丁基橡胶有什么区别？

卤化丁基橡胶由于导入了极性较强的卤原子（氯、溴），同时保留了原普通丁基橡胶的双键。因此不仅加快了胶料的硫化速度，而且也解决了胶料黏性差和不能与高不饱和橡胶并用等问题，同时保持了其较好的气密性。

与氯化丁基橡胶相比，溴化丁基橡胶具有如下特性。

① 溴化丁基橡胶具有更高的活化硫化点。

② 硫化速度更快。

③ 与不饱和橡胶能更好地并用，与天然橡胶可以任意比例混合。

④ 耐热性能也有所提高。

⑤ 溴化丁基橡胶还可用过氧化物硫化。

83. 怎样提升丁基橡胶制品的耐高温性能？

主要从配方上考虑。

① 最好用树脂硫化体系。

② 填充细粒子炭黑比较好，如 N220、N330、N550 等。

③ 尽量少加增塑剂等。

④ 加入耐热防老剂。

84. 乙丙橡胶（EPR、EPM、EPDM）属于哪种类型的橡胶？乙烯含量对性能有什么影响？

乙丙橡胶是以乙烯、丙烯或乙烯、丙烯以及少量的非共轭二烯类为单体，经过催化剂的作用进行溶液聚合或悬浮聚合而得到的无规共聚弹性体。乙丙橡胶有二元乙丙橡胶（EPM）和三元乙丙橡胶（EPDM）两种典型品种。

依据第三单体种类的不同，三元乙丙橡胶又有 E 型、D 型、H 型之分。

二元乙丙橡胶是乙烯和丙烯的无规共聚物，属于饱和性橡胶。

三元乙丙橡胶第三单体虽然引入了少量双键，也属低不饱和橡胶，但双键位于侧基上，活性较小，对主链性质没有多大影响。

乙丙橡胶是乙烯和丙烯的无规共聚物，为非结晶性橡胶，属非自补强橡胶。分子主链为 C—C，分子侧链无极性，是典型的非极性橡胶。

一般规律是随着乙烯含量的增加，生胶和硫化胶的机械强度提高，软化增塑剂和填料的填充量增加，胶料可塑性高，压出性能好，半成品挺性和形状保持性好。但当乙烯含量超过 70%（摩尔分数）时，由于乙烯链段出现结晶，使耐寒性下降。因此，一般认为乙烯含量在 60%（摩尔分数）左右时，乙丙橡胶的加工性能和硫化胶的物理机械性能均较好。

85. 二元乙丙橡胶与三元乙丙橡胶有什么不同？

乙丙橡胶有二元乙丙橡胶（EPM）和三元乙丙橡胶（EPDM），二者区别是：

① 结构组成不同。二元乙丙橡胶为乙烯和丙烯的共聚物；三元乙丙橡胶为乙烯、丙烯和少量非共轭二烯烃的共聚物。

② 不饱和性略有不同。二元乙丙橡胶属于饱和性橡胶，三元乙丙橡胶属于低不饱和橡胶。

③ 化学活性不同。二元乙丙橡胶化学稳定性好于三元乙丙橡胶，因而耐老化、耐热性好，但硫化速度慢，只能用过氧化物硫化，三元乙丙橡胶还可以用硫黄硫化。

86. E 型、D 型、H 型三元乙丙橡胶有什么不同？

① 第三单体不同。

ENB-EPDM（1,1-亚乙基降冰片烯型三元乙丙橡胶）（E 型）

```
  H2  H2      H2  H       H       H
-[C---C]m---[C---C]n---[C-------C]x-
                  |      /  CH2  \
                 CH3  HC          CH
                        \        /
                        H2C-----C
                                ||
                                HC-CH3
```

DCP-EPDM（双环戊二烯型三元乙丙橡胶）（D 型）

```
  H2  H2      H2  H       H       H
-[C---C]m---[C---C]n---[C-------C]x-
                  |      /  CH2  \
                 CH3  HC          CH
                        \        /
                         CH----CH
                         |        \
                         HC===C----CH2
                              H
```

HD-EPDM（1,4-己二烯型三元乙丙橡胶）（H 型）

```
  H2  H2      H2  H       H2  H
-[C---C]m---[C---C]n---[C---C]x-
                  |           |
                 CH3          CH2
                              |
                              H
                        HC===C---CH3
```

② 硫黄硫化时，E 型硫化速度快，硫化效率高，D 型硫化速度慢。而当用过氧化物硫化时，则 D 型硫化速度最快，E 型次之。

③ 在耐臭氧性方面，以 DCP-EPDM 最好。

④ 在耐候性方面，HD-EPDM 优于 DCP-EPDM，更优于 ENB-EPDM。

⑤ 在耐热性方面，ENB-EPDM 优于 DCP-EPDM。

87. 三元乙丙橡胶的碘值是多少？

三元乙丙橡胶的碘值主要是用来表示胶料硫化活性，即第三单体含量，碘值越大，活性越高，硫化速度越快，但耐老化性有所下降。

具体含义：表示三元乙丙橡胶不饱和度的一种指标，是 100g 三元乙丙橡胶所能吸收碘的质量（g）。不饱和程度越高，碘值越大。

三元乙丙橡胶碘值一般在 6～30gI_2/100g。一般随碘值的增大，硫化速度提高，硫化胶的机械强度提高，耐热性稍有下降。碘值 6～10gI_2/100g 的三元乙丙橡胶硫化速度慢，可与丁基橡胶并用；碘值 25～30gI_2/100g 的三元乙丙橡胶，为超速硫化型，可以任意比例与高不饱和的二烯类橡胶并用。

88. 为什么乙丙橡胶称为不龟裂橡胶？

由于二元乙丙橡胶是通用橡胶中唯一的饱和性橡胶，三元乙丙橡胶是低不饱和橡胶且双键位于侧链上，不在主链上，因而其耐老化性在通用橡胶中最好。

乙丙橡胶的耐臭氧性能优异，当臭氧浓度为 100×10^{-6} 时，乙丙橡胶工作 2430h 仍不龟裂，而丁基橡胶 534h、氯丁橡胶 46h 即产生大裂口。因而习惯将乙丙橡胶称为不龟裂橡胶。

乙丙橡胶的耐候性能优异，能长期在阳光、潮湿、寒冷的自然环境中使用，含炭黑的乙丙橡胶硫化胶在阳光下曝晒三年后未发生龟裂，物理机械性能变化亦很小。

乙丙橡胶的耐热老化性能优异，在 130℃下可以长期使用，在 150℃或更高的温度下可以间断或短期使用。

根据乙丙橡胶的性能特点，主要应用于要求耐老化、耐水、耐腐蚀、电气绝缘几个领域，如用于耐热运输带、电缆、电线、防腐衬里、密封垫圈、门窗密封条、家用电器配件、塑料改性等。也极适用于码头缓冲器、桥梁减震垫、各种建筑用防水材料、道枕垫及各类橡胶板、保护套等。也是制造电线、电缆包皮胶的良好材料，特别适用于制造高压、中压电缆绝缘层。它还可以制造各种汽车零件，如垫片、玻璃密封条、散热器胶管等。由于它具有高动态性能和良好的耐温、耐候、耐腐蚀及耐磨性，也可用于轮胎胎侧、水胎等的制造，但需解决好黏合问题。

89. POE 弹性体和 EPDM 的区别是什么？POE 能完全替代 EPDM 吗？

POE 的低温性能、压缩永久变形性能等都还有待改善，POE 是乙烯和辛烯的共聚物热塑性弹性体，没有第三单体，强度、硬度、耐热性均比三元乙丙橡胶高，可以与三元乙丙橡胶以任何比例并用，成本比 EPDM 高，但是完全代替，要看用途。POE主要用于增韧和改性。POE与三元乙丙共混后与金属基材很难粘接，即使刷涂双组分胶黏剂也不行。

90. 如何配制白色高强度、高伸长、低压缩永久变形、高弹性的EPDM胶料？

可采用下列方法。

① 生胶门尼黏度大，而且乙烯基含量在60%左右，含胶率40%以上。

② 可以考虑半有效硫化体系、有效硫化体系及过氧化物硫化体系。对于过氧化物硫化体系，可并用TAIC、HVA2调节剂及甲基丙烯酸锌等。

③ 通过调整交联密度来满足压缩永久变形和拉伸性能的平衡，只要勉强满足压缩永久变形要求即可；交联密度不要过大，否则拉伸强度和扯断伸长率会有影响。

④ 白炭黑可采用或并用碱性或低结构的白炭黑和少量煅烧陶土、硅藻土。

91. 如何配制高温压缩永久变形小、常温压缩永久变形也小的EPDM胶料？

高温压缩永久变形除与橡胶弹性有关外，还与耐热性有关，多采用过氧化物硫化体系或有效硫化体系；而常温压缩永久变形主要与弹性有关，过氧化物硫化体系或有效硫化体系效果不大。因而配制高温和常温压缩永久变形都小的EPDM胶料要注意以下几点。

① 选用乙烯含量在55%左右，ENB含量较高（6%左右）的生胶，含胶率不能太低。

② 对于硫黄硫化体系，促进剂采用少量多种，主促进剂采用BZ、EZ、TT等，硫黄不要多。低硫高促体系只是在高温时压缩永久变形相对好一点，常温时没有效果。常温压缩永久变形主要和弹性有关，不管高硫还是低硫都可以，关键是调节硫化体系，让其交联程度足够，硫化充分，才能达到低压缩永久变形。

92. 液体石蜡对EPDM有什么影响呢？

液体石蜡对EPDM的作用如下。

① 改善加工性，耐老化性提高。

② 油对胶料拉伸强度都有影响，但石蜡油对EPDM性能影响相对低些。

③ 产品用久了表面会有一层油或者白雾。

④ 石蜡油耐热且耐天候老化。

93. 低硬度高拉力EPDM怎么做？

① 用充油EPDM，如锦湖的KEP980。

② 用普通硫化体系，交联密度高。

③ 含胶率要高一些。

④ 选用高补强的炭黑。

94. EPDM 最低能耐多低的温度呢？依据什么指标来选择 EPDM 的耐寒性？

一般能耐－40℃，特殊配方可耐－50℃。

要想耐低温性能好就要选丙烯含量高的 EPDM。一般乙烯含量是决定性因素，控制在 50%左右，TR10（表示回缩百分比为 10%时的对应温度）差不多在－48℃左右，T_b（脆性温度）－60℃左右，T_g（玻璃化温度）－52℃以下。乙烯含量越低耐寒性越好（TR10、T_b 越低）。可选用中低乙烯（乙烯含量低于 50%）的 EP-DM，也可考虑选用乙丙接枝硅橡胶材料。

含胶量不能太低，含胶率高，低温性能好，但工艺性能差，综合考虑，含胶率设计为 50%～60%。

交联密度也不能过高，硫化剂用量尽量少，交联密度尽量低。

补强填充体系选用纯净度高的卡博特 SP5000 炭黑。

三元乙丙橡胶与石蜡油相容性最好。但石蜡油的凝固点（倾点）一般在－52℃，耐寒性不太好。石蜡油，选用石蜡烃含量低的或分子量低的低凝固点品种。环烷油，考虑到兼顾耐高温性能，对于过氧化物硫化体系（一般硫化温度较高），选用闪点高的品种。不能用酯类、醚类油，否则高温性能会变差很多。

95. 如何提高 EPDM 的撕裂强度？

可从下面几个方面着手。

（1）生胶的选择

① 高门尼黏度，最好在 78 以上（非充油状态下）。

② 高乙烯含量，最好在 62%～65%（乙烯含量过高则低温性能变差）。

③ 分子量分布较窄。

④ ENB 含量要适中，最好在 4.5%～5.5%。

⑤ 提高含胶率可以提高撕裂强度。

⑥ 并用树脂，撕裂强度会有所提高。

（2）硫化体系的选择

① 有效或者高促低硫体系。

② 过氧化物与 0.3 份以下硫黄并用体系，缺点是牺牲一点耐热性。

（3）填料的选择

① 高结构炭黑，最好是高耐磨炭黑（如 N330），缺点是加工性略有降低。

② 适量白炭黑或硬质陶土。

③ 超细聚四氟乙烯粉。

④ 适量使用一些短纤维填料。

(4) 软化剂的选择

① 充少量高洁净石蜡油

② 用量最好不超过 20 份。

96. 汽车密封条用什么类型的三元乙丙橡胶?

可选用高门尼黏度、高乙烯含量和高门尼黏度、中乙烯含量 EPDM，比如 756（门尼黏度 72，乙烯含量 69%，ENB 5%，分子量分布窄）和 855（门尼黏度 80，乙烯含量 55%，ENB 5%，分子量分布宽）单独使用或并用。另外，陶氏化学的 4785、4770、4570 都可以作密封条，单独使用或者并用。

97. 提高 EPDM 抗硫化氢性能应注意什么? EPDM 的高压蒸汽胶管能不能耐 200℃ 蒸汽?

耐硫化氢胶料多采用 HNBR。EPDM 耐硫化氢性能一般，配合时应注意以下几点。

① 选择第三单体含量低一点的生胶。

② 选择耐酸性能好的补强填充剂，如炭黑、硫酸钡、陶土、云母粉，避免使用轻钙等碱性材料。

EPDM 长期耐 150℃，短期最高 180℃，200℃以上可用四丙氟胶、氟硅胶。

98. 用马来酸酐改性 EPDM 有何特点? 选哪种牌号的乙丙橡胶、丁腈橡胶?

用马来酸酐反应接枝 EPDM，接枝后可改善 EPDM 与极性物质的相容性，朗盛的 1500R 和 2708R 都属于这种类型。一般 EPDM 接枝马来酸酐可用作相容增韧剂，用在 PA、PP 上。

NBR/EPDM 并用橡胶选择注意事项。

① EPDM 选高第三单体的，乙烯适中。

② NBR 的 ACN 含量选中或偏低型。

③ 两种胶门尼黏度相近。

99. 如何鉴别出耐热的橡胶制品中生胶是丁苯橡胶还是三元乙丙橡胶?

火烧时，SBR 是带火苗的黄色火焰，黑色浓烟，灰烬为深黑色稠油，立即结块，抹不开；EPDM 无火苗，缓慢燃烧，少量黑烟，灰烬体积较大，呈灰白或黑灰。

测试 125℃和 150℃下热空气老化 3d 后的性能变化率，丁苯橡胶耐高温性能最高达到 125℃。

PGC 分析（裂解气相色谱法），丁苯橡胶必然有苯乙烯单体。

最简单、直接、快速的方法就是作红外光谱分析，但配合剂会影响结果。

常规的 TGA 结合物性，EPDM 生胶一般密度比 SBR 低。

100. 如何提高三元乙丙橡胶的高温压缩永久变形性能?

可以从下列途径提高三元乙丙橡胶的高温压缩永久变形性能。

① 生胶选择低乙烯含量及高门尼黏度的 EPDM，如朗盛的 8550。

② 硫化体系用过氧化物体系，如 DCP＋TAIC（HVA2)＋TMPMA（三羟甲基丙烷三丙烯），这样可以保证既耐热又低压缩永久变形。炭黑最好用 N330、N550、N990，量要少一点，含胶量高对压缩永久变形有好处。

③ 防老剂最好用反应型的防老剂如 MC，或耐热效果好的防老剂如 445、RD＋MB。

④ 软化剂尽量少用，如果用，最好用液体乙丙作软化剂，也可用石蜡油，如 2280，用量控制在 5 份左右。

101. 硅橡胶分子结构特征如何? 主要特性和用途是什么?

硅橡胶（Q）是由各种二氯硅烷经过水解、缩聚而得到的一种有机弹性体，是以 Si—O（硅氧键）单元为主链，以单价有机基团为侧基的线型聚合物，兼有无机和有机性质。结构如下：

$$\left[\begin{array}{c} R \\ | \\ Si-O \\ | \\ R \end{array}\right]_m \left[\begin{array}{c} R_1 \\ | \\ Si-O \\ | \\ R_2 \end{array}\right]_n$$

式中，R、R_1、R_2 为甲基、乙烯基、苯基、三氟丙基等。

其优点如下。

(1) 具有优良的生理惰性和生理老化性

硅橡胶的表面能比大多数有机材料低，因此，它具有低吸湿性，长期浸于水中其吸水率仅 1%左右，物理机械性能不下降，防霉性能良好；此外，它与许多材料不粘，可起隔离作用。硅橡胶无味、无毒，对人体无不良影响，与机体组织反应轻微，具有优良的生理惰性和生理老化性。

(2) 卓越的耐高低温性能

工作温度范围－100～350℃，具有优异的耐臭氧老化、耐氧老化、耐光老化和耐天候老化性能。硅橡胶硫化胶在自由状态下置于室外数年性能无变化。

(3) 优良的电绝缘性能

硅橡胶硫化胶的电绝缘性能在受潮、频率变化或温度升高时的变化较小，燃烧后生成的二氧化硅仍为绝缘体，此外，硅橡胶分子结构中碳原子少，而且不用炭黑作填料，所以在电弧放电时不易发生焦烧，因而在高压场合使用它十分可靠。它的耐电晕性和耐电弧性极为良好，耐电晕寿命是聚四氟乙烯的 1000 倍，耐电弧寿命是氟橡胶的 20 倍。

（4）高透气性

硅橡胶和其他高分子材料相比，具有极为优越的透气性，室温下对氮气、氧气和空气的透过量比天然橡胶高 30～40 倍。此外，它还具有对气体渗透的选择性能，即对不同气体（例如氧气、氮气和二氧化碳等）的透过性差别较大，如对氧气的透过性是氮气的 2 倍左右，二氧化碳透过率为氧气的 5 倍左右。

硅橡胶可以用于汽车配件、电子配件、宇航密封制品、建筑工业的黏结缝、家用电器密封圈、医用人造器官、导尿管等，在纺织高温设备以及在碱、次氯酸钠和双氧水浓度较高的设备上作密封材料也取得良好的效益。

注：电晕［(electronic) corona］，指带电体表面在气体或液体介质中发生的局部放电现象，常发生在高压导线的周围和带电体的尖端附近，能产生臭氧、氧化氮等物质。在 110kV 以上的变电所和线路上，时常出现与日晕相似的光层，发出“嗤嗤”、“哔哩”的声音。电晕能消耗电能，并干扰无线电波。电晕是极不均匀电场中所特有的电子崩——流注形式的稳定放电。

102. 高温硫化或热硫化（HTV）硅橡胶和室温硫化（RTV）硅橡胶有什么不同？

硅橡胶通常按硫化温度和使用特征分为高温硫化或热硫化（HTV）和室温硫化(RTV) 两大类。前者是高分子量的固体胶，成型硫化的加工工艺和普通橡胶相似。后者是分子量较低的有活性端基或侧基的液体胶，在常温下即可硫化成型。也可分为双组分 RTV 硅橡胶（简称 RTV-2）和单组分 RTV 硅橡胶（简称 RTV-1）。

103. MVQ1101 和 MQ1010 硅橡胶牌号是什么含义？

我国硅橡胶纯胶的品种牌号以英文字母和四个数字组合而成。英文字母组合表示硅橡胶的组成，Q 表示聚硅氧烷橡胶，M 为甲基，V 为乙烯基，P 为苯基，N 为氰乙基，F 为氟烷基。二甲基硅橡胶表示为 MQ、甲基乙烯基硅橡胶表示为 MVQ 或 VMQ、甲基苯基乙烯基硅橡胶表示为 MPVQ＝PVMQ、三氟丙基甲基乙烯基硅橡胶表示为 FMVQ。

后缀数字第一位表示硫化温度：1 为热硫化（HTV），3 为室温硫化（RTV）；对 HTV 硅橡胶，第二位数字表示主要侧基种类：0 为甲基，1 为乙烯基，2 为苯基，3 为氰乙基，4 为氟烷基；后两位数字表示牌号（分子量或黏度大小）；RTV 硅橡胶的第二位数字：1 表示单组分 RTV 硅橡胶，2 表示双组分 RTV 硅橡胶。

因此 MVQ1101 表示热硫化型甲基乙烯基硅橡胶，MQ1010 表示热硫化型二甲基硅橡胶。MVQ1101、MVQ1102、MVQ1103 表示不同分子量的热硫化型甲基乙烯基硅橡胶，分子量由小变大。

104. 硅橡胶制品加入气相白炭黑时，加入三乙醇胺作活性剂和分散剂，为什么还用了羟基硅油？

三乙醇胺和羟基硅油是两种不同功能的配合剂。

羟基硅油主要是结构控制剂，填充有气相法白炭黑的硅橡胶在存放过程中易产生结构化现象，进而影响硅橡胶进一步的加工。

一般情况下如用DCP硫化需要调节pH值，三乙醇胺用于调节pH值。如果胶料呈酸性，DCP的作用会大大降低（除非加大用量），可加入胺使胶料呈碱性，DCP用常量即可。

105. 为什么在硅橡胶中添加结构控制剂？

在橡胶工业上，结构化是指弹性体材料和高活性补强剂接触后在接触部位生成不溶解凝胶的现象。这种现象在二烯烃类生胶中很容易发生，例如天然橡胶与炭黑之间生成的炭黑凝胶即产生结构化。出现这类结构化现象得有一个先决条件，即补强剂必须粒子高度细微、比表面积大、活性大。

气相法白炭黑、超细沉淀白炭黑和硅橡胶混炼所得的胶料，往往在存放过程中变硬，可塑性降低，在炼胶辊筒间辊轧时黏度急剧上升，并逐渐失去返炼加工性，这类现象被称为“硅橡胶结构化”。

产生结构化的原因是白炭黑表面的羟基和硅橡胶分子末端基团缩合，也有人认为是由白炭黑的表面活性基团与硅橡胶分子链形成氢键型的化学吸附所致。通用橡胶炭黑凝胶的形成机理和硅橡胶的结构化相似，但后果不同。前者炭黑凝胶对加工没有妨碍，而对产品的性能有利，而后者则给硅橡胶的后续加工带来负面影响。

硅橡胶结构控制剂是能减缓或消除硅橡胶结构化现象的物质，保证硅橡胶在后续加工中具有良好加工性能。硅橡胶结构控制剂都属于有机硅化合物，通常为带有羟基或硼原子的小分子。可归纳为以下四类。

① 含羟基硅烷类，羟基含量越高，则活性越大，抗结构化效果必然越好。

② 烷氧基硅烷类，包括各种烷氧基硅烷和低分子聚硅氧烷。

③ 硅氮烷类，此类结构控制剂价格较高，有气味，故只用于特殊情况。

④ 含硼硅氧烷类，由硼酸和各类氯硅烷缩合而成，其特点是有效期可长达6个月以上。

目前使用最多、最成熟的是二苯基硅二醇，所得硫化胶的综合性能好。使用时应先把本品加入生胶，然后再加白炭黑。为充分发挥其作用，胶料在加过氧化物前需先进行热处理。在一般情况下，用量应为白炭黑的1/100～1/5。羟基硅油也是硅橡胶的常用结构控制剂，为无色透明油状物，具有黏度低、羟基含量高的特点，使用时可省去热处理工序，简化工艺，还可提高产品透明度。

106. 氟橡胶主要性能特点是什么？

氟橡胶属于强极性和饱和性橡胶。

① 具有极优越的耐腐蚀性能。

一般来说，它对有机液体（燃料油、溶剂、液压介质等）、浓酸（硝酸、硫酸、盐酸）、高浓度过氧化氢和其他强氧化剂作用的稳定性均优于其他各种橡胶。

② 耐老化性好。

在耐老化方面，氟橡胶可以和硅橡胶相媲美，优于其他橡胶。

氟橡胶对日光、臭氧和气候的作用十分稳定。例如其硫化胶经过 10 年自然老化后，还能保持较好的性能。在日光中曝晒 2 年后，也未发现龟裂。氟橡胶对微生物的作用也是稳定的。

③ 氟橡胶对热水作用的稳定性。

其稳定性不仅取决于生胶本身的性质，也取决于它的硫化体系。过氧化物硫化体系比胺类、双酚 AF 类硫化体系为佳，且还取决于胶料的配合。对氟橡胶来说，26 型氟橡胶采用胺类硫化体系的胶料性能较一般合成橡胶如乙丙橡胶、丁基橡胶还差。

④ 透气性中等。

氟橡胶的透气性是橡胶中较低的，与丁基橡胶、丁腈橡胶相近。填料的加入能使硫化胶的透气性变小，其中硫酸钡的效果较中粒子热裂法炭黑（MT）显著。氟橡胶的透气性随温度升高而增大，气体在氟橡胶中的溶解度较大，但扩散速度则很小，这有利于在真空条件下应用，但在加工时易产生“卷气”的麻烦。

⑤ 氟橡胶具有极佳的耐真空性能。

氟橡胶的耐真空性能优于其他橡胶，这是由于氟橡胶在高温、高真空条件下具有较小的放气率和极小的气体挥发量。26 型、246 型氟橡胶能够应用于 133×10^{-10}～133×10^{-9}Pa 的超高真空场合，是宇宙飞行器中的重要橡胶材料。

⑥ 氟橡胶属于耐中等剂量辐射的材料，但在橡胶材料中是最好的。

⑦ 氟橡胶一般具有较高的拉伸强度和硬度。

⑧ 弹性较差。

⑨ 耐磨性较好。

26 型氟橡胶的摩擦系数（0.80）较丁腈橡胶摩擦系数（0.90～1.05）小，但在光滑金属表面上的耐磨性较差。这是因为此时有较大的运动速度，产生较高的摩擦生热，从而导致橡胶的机械强度降低。

由于氟橡胶具有耐高温、耐油、耐高真空及耐酸碱、耐多种化学药品的特点，使它在现代航空、导弹、火箭、宇宙航行、舰艇、原子能等尖端技术及汽车、造船、化学、石油、电信、仪表、机械等工业部门中获得了应用。

107. 23、26、246 型氟橡胶结构上有什么不同？

它们都属于含偏氟乙烯类氟橡胶。

(1) 26 型氟橡胶

它是目前最常用的氟橡胶品种，系偏氟乙烯与六氟丙烯的乳液共聚物。其共聚比有 4∶1（如 FPM-26-41）、7∶3（VitonA）和 3∶1（CK-26）。

$$\left[CF_2-CH_2\right]_m\left[\underset{}{\overset{CF_3}{\overset{|}{C}F}}-CF_2\right]_n$$

(2) 246 型氟橡胶

246 型氟橡胶是偏氟乙烯、四氟乙烯与六氟丙烯的共聚物，三种单体的比例（摩尔分数）：偏氟乙烯为 65%～70%，四氟乙烯为 14%～20%，六氟丙烯为 15%～16%。国产氟橡胶 246G 与美国 Viton B 相当。

$$\left[CF_2—CH_2 \right]_m \left[CF_2—CH_2 \right]_n \left[\underset{}{\overset{CF_3}{\overset{|}{C}}}F—CF_2 \right]_z$$

(3) 23 型氟橡胶

23 型氟橡胶是由偏氟乙烯与三氟氯乙烯在常温及 3.2MPa 左右压力下，用悬浮法聚合制得的一种橡胶状共聚物，为较早开始工业生产的氟橡胶品种。但由于加工困难，价格昂贵，发展受到限制。

$$\left[CF_2—CH_2 \right]_m \left[\overset{Cl}{\overset{|}{C}}F—CF_2 \right]_n$$

108. Viton A、Viton B 有什么区别?

这两种橡胶都是美国陶氏杜邦公司的产品，其中 VitonA 属于 26 型氟橡胶，VitonB 属于 246 型氟橡胶。因此它们的区别和 26、246 的区别相同。

246 型氟橡胶耐热性比氟橡胶 23 和氟橡胶 26 好，能在 250℃长期使用，对热、强酸、强碱、强氧化剂和溶剂等具有更高的稳定性。用于航空、航天、汽车、石油等工业的特种合成橡胶制品，还用于垫片、密封圈、胶管、浸渍制品和防护用品等。

109. 23 型氟橡胶与 26 型氟橡胶有何区别?

① 23 型氟橡胶和 26 型氟橡胶合成单体不同，23 型氟橡胶是偏氟乙烯和三氟氯乙烯的共聚物，26 型氟橡胶是偏氟乙烯、四氟乙烯与六氟丙烯的共聚物。

② 耐热性：26 型氟橡胶可在 250℃下长期工作，在 300℃下短期工作，23 型氟橡胶经 200℃×1000h 老化后，仍具有较高的强度，也能承受 250℃短期高温的作用。

③ 耐强氧化性酸（发烟硝酸和发烟硫酸等）的能力：23 型氟橡胶比 26 型氟橡胶好。

④ 耐芳香族溶剂、含氯有机溶剂、燃料油、液压油以及润滑油（特别是双酯类、硅酸酯类）和沸水性能方面：23 型氟橡胶较 26 型氟橡胶差。

⑤ 耐寒性：26 型氟橡胶的脆性温度是－30～－25℃，23 型氟橡胶的脆性温度为－60～－45℃，246 型氟橡胶的脆性温度为－40～－30℃。

⑥ 耐辐射性：高能射线对 26 型氟橡胶的主要作用是产生结构化，表现为硬度增大，伸长率下降，对 23 型氟橡胶则以裂解为主，表现为硬度、强度和伸长率均

下降。

⑦ 电绝缘性：23 型氟橡胶由于吸水率较低，其电绝缘性较 26 型氟橡胶好。

110. FPM2301 表示什么含义？

FPM2301 表示一种氟橡胶牌号，氟橡胶牌号是由氟橡胶类型代号和一组表示分子结构和黏度的数字组成的。FPM 表示一般氟橡胶，FPNM 表示氟化磷腈橡胶，AMFU 表示羧基亚硝基氟橡胶。FPM 后面的数字 2、3、4、6 分别表示偏氟乙烯、三氟氯乙烯、四氟乙烯和六氟丙烯。最后一位数表示黏度大小。如 FPM2301 表示由偏氟乙烯和三氟氯乙烯共聚的氟橡胶。其他如 FPM2601、FPM2461 差别就是黏度大小不同，最后一位数越大黏度越大。FPM4000 表示四氟乙烯与丙烯共聚氟橡胶。

111. 如何解决氟橡胶密封圈硫化脱模困难？氟橡胶能不能采用注射成型加工？

可用下列方法解决氟橡胶密封圈硫化脱模困难问题。

① 适当改进模具。

② 用氟橡胶专用的喷雾脱模剂。

③ 加点内脱模剂。

④ 胶料配方改善，混炼要均匀。

⑤ 模具表面电镀处理。

氟橡胶能采用注射加工，但要注意以下几点。

① 生胶门尼黏度小，流动性好。

② 制品不能太大。

③ 控制胶料具有一定焦烧时间。

④ 适当添加流动助剂。

112. 如何设计超低硬度的氟橡胶配方？双酚 AF 硫化氟橡胶的密封垫能耐超级冷却剂吗？

设计超低硬度的氟橡胶配方时应注意以下几点。

① 选择很低黏度的生胶（最低门尼黏度应该是 30 左右）。普通 2601、2602 的门尼黏度为 55～60。

② 最大程度降低吸酸剂及填料用量。

③ 与氟硅橡胶并用，但两者相容性不好，易分层，硫化胶强度不高，硫化时易出现气泡。

④ 加液体氟橡胶。

双酚 AF 硫化氟橡胶的密封垫不能耐超级冷却剂，实验证实：有胺又有酯，耐不住很正常，乙丙橡胶也耐不住。全氟橡胶应该可以。建议使用四丙氟橡胶，耐介质性能极好。

113. 过氧化物能硫化26型二元胶、246型三元胶、23型氟橡胶吗？如何调整氟橡胶硫化时间？

过氧化物能硫化FPM，主要对23型。但对一般的26型、246型理论上很难硫化。

过氧化物硫化的氟橡胶有专门的牌号，专用的氟橡胶也可以是26氟橡胶，必须是过氧化物型氟橡胶。26型的用DCP与AF并用可以硫化成熟。

一般来说，过氧化物硫化的氟橡胶是加入含氟单体的G型胶。不能硫化普通26、246型是由于C—F的遮蔽使C—H键键能提高，大于过氧化物自由基反应释放的能量，就是说过氧化物打不开C—H键。

对于双酚硫化体系可采用下列措施调整氟橡胶的硫化时间。

① 增加促进剂BPP用量，硫化时间缩短。

② 增加硫化剂AF用量，硫化时间延长，但增加AF用量虽可以增加硫化时间，但性能影响太大，也太极端，成本也高。

③ 增加硫化时间，可以加一点点白炭黑。

114. 如何提高氟橡胶的强伸性能？为什么炭黑对氟橡胶补强性较差？

提高氟橡胶的强伸性能可从以下几方面考虑。

① 先考虑生胶，高门尼黏度，强度大，如PMF2604。

② 填料也需要考虑，少用或不用硫酸钡；硅藻土、硅灰石用进口的，表面经过处理的；选用纳米级碳酸钙。不靠炭黑补强，可以加3～5份白炭黑。

③ 在允许范围内增加氧化镁用量，可使强度大大提高，而硬度提高甚少。

④ 二段硫化条件调整为230℃×20h。

氟橡胶极性很强，是自补强橡胶，本身强度高。传统补强剂的加入对其结构有一定破坏，影响自补强性，可选用粒径很小的补强剂，如N220、N330等。氟橡胶中加入填料主要是改善工艺，降低胶料成本，提高硬度、耐热性和压缩永久变形性能。

115. 能不能使氟橡胶硫化之后呈现透明？

可以使氟橡胶硫化胶呈现透明性，但要注意以下几点。

① 尽可能采用过氧化物硫化体系。

② 所用材料必须纯净。

③ 填料必须是高透明级如透明白炭黑和透明粉。真正的高透明填料加得越多越透明，如果加多了透明性下降，则说明透明填料质量不好。

④ 加工必须保持非常清洁。

116. 氟橡胶常用的硫化体系有哪些？符合PAHS要求的氟橡胶应注意哪些事项？

氟橡胶最常用的硫化体系有三类。

① 胺类硫化体系：最早的硫化体系1号、2号、3号硫化剂都属于胺类。

② 双酚硫化体系：最主流的硫化体系，主要为双酚AF，常配用促进剂BPP。特点是脱模好，压缩永久变形好，强度稍低。

③ 过氧化物硫化体系：高端的硫化体系，需生胶配合，普通生胶无法使用过氧化物硫化。特点是胶料强度高，耐化学介质性好，价格贵。

制作符合PAHS要求的氟橡胶注意事项。

① 不能用双酚AF、BPP，直接用过氧化物硫化。

② 炭黑可以选择N990，$Ca(OH)_2$可以不用。

③ 食品级与符合PAHS是两个概念，这些原材料都满足不了食品级的要求。

117. 如何用机械法再生硫化氟橡胶？如何使用氟橡胶再生胶？

机械法再生氟橡胶工艺：先分类；用硬度低一些的废胶再加一些硬脂酸盐或低分子量氟橡胶及少量的蜡；薄通20～50次，温度50～60℃，辊距0.2～0.5mm；再生过程中不要再混入其他填料。

氟橡胶再生胶主要使用方法如下。

(1) 单用

作为生胶单用，但要注意：氟橡胶再生胶单用硫化温度要低，否则易缩边；加点软化剂；不要再加入填料；补加一些硫化体系，用量要少，用量越高，硬度越高。

(2) 掺用

最好是掺用。FPM再生胶本身性能不是很好，可以掺用国产的ACM来降低成本，降低硬度。生产油封的企业也经常选用FPM/ACM并用以降低成本。

118. 有什么办法能够提高氟橡胶热撕裂性？

氟橡胶常态的拉伸强度和撕裂强度通过适当的填料补充可以达到较好的水平，但是在高温状态下，其拉伸强度和撕裂强度会变得很差，以至于难以取模。追求高的撕裂强度是不现实的，只能在工艺和配方中寻求平衡。

① 关键在于选择生胶。

可选用一些高撕裂强度的生胶，如Viton A361C、Tecnoflon60K、G752等，这些生胶在制备过程中，进行了一些特殊处理，仅仅改变了氟橡胶硫化特性。无论怎么调整$Ca(OH)_2$和MgO的比例，其硫化都是很缓慢的，原因是生胶的交联点。

② 配方是否和工艺搭配合理。

氟橡胶的撕裂强度与橡胶的硫化程度、模具结构和脱模紧密关联。硫化程度严重不够或者过硫，都会在脱模的时候撕裂。另外，改善胶料的脱模性可以在很大程度上弥补撕裂，容易脱模的胶料在脱模时承受的力要小很多，这与模具结构有很大的关系。

③ 加入PTFE改善撕裂性能。

虽然PTFE能稍改善撕裂性能，但是加多了只能影响强度、压缩永久变形，最重要的是还会影响粘接，PTFE最大的作用是改善橡胶的耐磨性能。

④ 加入白炭黑。

可以改进撕裂性但会影响硫化速度。

⑤ 可加3～5份Kevlar纤维。

119. 氯醚橡胶的分子结构特性是什么?

聚醚橡胶是由含环氧基的环醚化合物（环氧烷烃）经开环聚合而制得的烃聚醚弹性体。

氯醚橡胶结构特征有两点：一是主链含有醚键—C—C—O—；二是侧链含氯甲基（$—CH_2Cl$）的饱和脂肪族聚醚。主链的醚键，键能和柔顺性高于碳-碳键，使之具有良好的耐热老化性和耐臭氧性，赋予聚合物低温屈挠性。极性侧链氯甲基，使之具有优异的耐油性和气密性。但氯甲基的内聚力大却起着损害低温性能的作用。

120. 均聚氯醚橡胶与共聚氯醚橡胶结构上有什么不同?

均聚氯醚橡胶（CO）由环氧氯丙烷聚合而成，共聚氯醚橡胶有二元和多元（主要为三元），二元氯醚橡胶由环氧乙烷和环氧氯丙烷共聚而成。

两者结构上的差别是主链醚键、侧链氯甲基含量不同，醚键、氯甲基等组成的均聚氯醚橡胶的低温性能并不理想，仅相当于高丙烯腈含量的丁腈橡胶。而共聚氯醚橡胶由于是与环氧乙烷共聚，醚键的数量约为氯甲基的两倍，因此具有较好的低温性能。

121. 均聚氯醚橡胶与共聚氯醚橡胶性能上有什么不同?

均聚型氯醚橡胶是耐热、耐油、耐候、气密性良好的橡胶；共聚氯醚橡胶是耐油、耐寒、耐候、耐热性良好的橡胶。它们差别如下。

(1) 耐热性与耐寒性

氯醚橡胶的耐热性，介于丙烯酸酯橡胶（ACM）和中高丙烯腈丁腈橡胶（NBR-MH）之间，优于氯丁橡胶（CR）或丁腈橡胶与聚氯乙烯（NBR/PVC）的共混料，和氯磺化聚乙烯橡胶（CSM）具有大致相等的耐热水平。均聚氯醚橡胶在150℃下经50d老化，几乎不发生软化。均聚型比共聚型的最高使用温度约高10～20℃。

氯醚橡胶的聚醚主链与二烯系和烯烃系橡胶的碳-碳主链相比，耐油和耐寒的平衡性显著提高。

均聚型氯醚橡胶虽然具有聚醚主链，但由于侧链的氯甲基比氰基的耐油、耐寒性差，因此其耐油、耐寒的平衡和丁腈橡胶是同等的。

共聚型氯醚橡胶由于氯甲基较少，所以其耐油、耐寒的平衡远优于传统的二烯类和烯烃类橡胶。随着环氧乙烷共聚比例的增大，耐油性基本不变，而耐寒性却进一步提高。由此可见，共聚型氯醚橡胶和具有同等耐油性的丁腈橡胶相比，脆性温度约低20℃。

（2）耐臭氧性

共聚型氯醚橡胶的耐臭氧性优于二烯类橡胶，但比烯烃类橡胶差。实际上均聚型或共聚型氯醚橡胶的耐臭氧性已经达到很高的水平，只有在高臭氧浓度、高伸长的试验条件下才能见到臭氧龟裂现象。

（3）气密性

均聚氯醚橡胶的气密性优异，和典型的气密性橡胶——丁基橡胶相比，其气密性约为后者的3倍，气体透过量则为后者的1/3。利用这种特性，可将其用作无内胎轮胎的气密层和各种气体胶管。另外，汽油的透过性也比丁腈橡胶小，液化石油气透过量也少。

共聚氯醚橡胶的气密性和丁腈橡胶大致相等。

（4）难燃性

均聚氯醚橡胶因含有氯而具有难燃性，但因同时含有氧，难燃性又受到一定损害。

因此氯含量减少，氧含量增多的共聚氯醚橡胶（CHR氯含量38%，氧含量17%，CHC氯含量26%，氧含量23%）配合50份炭黑的硫化胶，其耐燃性不够好。当需要良好的耐燃性时，还必须添加耐燃助剂。

氯醚橡胶作为一种特种橡胶，由于其综合性能较好，故用途较广。可用作汽车、飞机及各种机械的配件，如垫圈、密封圈、O形圈、隔膜等，也可用作耐油胶管、印刷胶辊、胶板、衬里、充气房屋及其他充气制品等。

122. ACM、ANM、AEM组成上有什么区别？

广义上丙烯酸酯橡胶（ACM）（也称聚丙烯酸酯橡胶、丙烯酸类橡胶）是以丙烯酸酯为主单体经共聚而得的弹性体，主要是指由丙烯酸烷基酯单体［如丙烯酸乙酯（EA）和丙烯酸丁酯（BA）］与具有交联活性基团的单体（如2-氯乙基乙烯基醚、氯乙酸乙烯酯、丙烯腈、烯烃系环氧化物、二烯烃化合物）的共聚物。有时为了改进性能还引入少量的第三单体。其主链为饱和碳链，侧基为极性酯基。丙烯酸乙酯与2-氯乙基乙烯基醚的共聚物、丙烯酸丁酯与丙烯腈的共聚物这两种丙烯酸酯橡胶属于传统品种，它们活性低，硫化困难。

狭义上丙烯酸酯橡胶（ACM）是广义丙烯酸酯橡胶的一类，丙烯酸酯橡胶按单体分为两大类，一类是丙烯酸乙酯或其他丙烯酸酯与少量能促使硫化的单体（2-

氯乙基乙烯基醚、氯乙酸乙烯酯、烯烃系环氧化物、二烯烃化合物）共聚所得的共聚物，这就是狭义上的 ACM，ACM 按交联单体不同可分为含氯型、环氧型、二烯型，其中丙烯酸乙酯或其他丙烯酸酯与少量高活性的含氯化合物（如氯乙酸乙烯酯、氯乙酸丙烯酸酯）共聚所得共聚物称为活性氯型丙烯酸酯橡胶，可用皂/硫黄并用硫化体系、*N*,*N*′-二(亚肉桂基-1,6-己二胺)（3 号硫化剂）硫化体系、TCY(1,3,5-三巯基-2,4,6-均三嗪）硫化体系、多胺类化合物为交联剂，亦可用硫脲(促进剂 NA-22）与铅丹并用体系硫化。

ANM 是另一类丙烯酸酯橡胶，ANM 是丙烯酸乙酯或其他丙烯酸酯与丙烯腈(丙烯腈含量 5%～15%）的共聚物，除可用多胺硫化（三亚乙基四胺与硫黄）外，还可用过氧化物硫化。

按使用温度范围不同分标准型、耐热型、耐寒型、超耐寒型。

AEM 是指乙烯-丙烯酸酯类共聚物，也属于广义丙烯酸酯橡胶范畴，按单体数量 AEM 可分为两大类：一类是乙烯、甲基丙烯酸酯、硫化单元组成的三元共聚物；另一类是乙烯、甲基丙烯酸酯组成的二元共聚物。二元共聚物中不含交联点单体，只能采用过氧化物交联。AEM 是非结晶性聚合物，乙烯链段赋予其良好的耐低温性，甲基丙烯酸酯链段赋予其良好的耐油性，其结构是完全饱和的。

123. ACM 与 NBR 性能差别有哪些？

（1）耐热性

丙烯酸酯橡胶主链由饱和烃组成，且有羧基，比主链上带有双键的二烯烃橡胶稳定，特别是耐热氧老化性能好，比丁腈橡胶使用温度高出 30～60℃，最高使用温度为 180～200℃，断续或短时间使用可达 200℃左右，在 150℃热空气中老化数年无明显变化。而丁腈橡胶最高使用温度为 130～150℃。

（2）耐油性

丙烯酸酯橡胶的极性酯基侧链，使其溶解度参数与多种油，特别是矿物油相差甚远，因而表现出良好的耐油性。室温下其耐油性能大体上与中高丙烯腈含量的丁腈橡胶相近，优于氯丁橡胶、氯磺化聚乙烯，但比高丙烯腈含量的丁腈橡胶差。

但在热油（150℃）中，其性能远优于丁腈橡胶。丙烯酸酯橡胶在高温下耐燃油、耐润滑油极好。

丙烯酸酯橡胶另一突出性能是耐极压型润滑油（润滑油中添加 5%～20%的氯、硫、磷化物）极好。丁腈橡胶在温度高于 120℃时，在耐极压型润滑油中即发生酸化，起不到密封作用，而丙烯酸酯橡胶在 150℃时可正常使用。

（3）压缩永久变形性

ACM 弹性低、压缩永久变形率大。这会影响 ACM 密封件的密封性能。

（4）耐寒性

丙烯酸酯橡胶的酯基侧链损害了低温性能，脆化温度为－24～－12℃，经改进，一些新型丙烯酸酯橡胶的耐寒性有了较大的提高，但是仍然只有－40℃，比丁腈橡胶差。

(5) 物理机械性能

丙烯酸酯橡胶具有非结晶性，自身强度低，经补强后拉伸强度最高可达12.8～17.3MPa，低于丁腈橡胶。

(6) 耐老化性

丙烯酸酯橡胶的稳定性还表现在对臭氧有很好的抵抗能力，抗紫外线变色性也很好，此外还有优良的耐天候老化、耐曲挠和割口增长性，好于丁腈橡胶。

(7) 耐水性

不如丁腈橡胶。

(8) 加工性

加工性能差，易焦烧，不安全，炼胶时易粘辊。硫化时粘模、腐蚀模具。

另外气密性较好，但电绝缘性能较差。

性价比高，热油环境下效果和氟橡胶差不多。在丁腈橡胶满足不了要求，同时又不愿使用昂贵的氟橡胶的情况下使用。

124. ACM与AEM性能差别有哪些？

聚乙烯/丙烯酸酯橡胶（AEM）是乙烯与甲基丙烯酸酯的共聚物，加上少量的含羧酸基的硫化单体。与ACM性能上的主要差别如表1.4所示。

表 1.4 ACM与AEM性能差别

项目	ACM(丙烯酸酯橡胶)	AEM(聚乙烯/丙烯酸酯橡胶)
压缩变形率	低	高
加工性	加工困难(粘辊、粘模、污染模具等)	加工容易
耐高温	差(150℃,短时间可达180℃)	好(180℃,短时间可达200℃)
耐低温	−25℃	−30℃
耐热的矿物油、液压油	差	好
耐臭氧性和耐候性	差	好
低温弹性和力学性能	差	好
耐低苯胺油(如ASTM3号油)和极性溶剂	好	差
价格	低	高,和氟橡胶差不多

聚丙烯酸酯橡胶（ACM）和乙烯/丙烯酸酯橡胶（AEM）的区别就是：AEM各方面性能都较好，但AEM价格高，和氟橡胶差不多。

125. 聚乙烯/丙烯酸酯橡胶（AEM）特征是什么？

聚乙烯/丙烯酸酯橡胶是乙烯与甲基丙烯酸酯的共聚物，加上少量含羧酸基的硫化单体。乙烯/丙烯酸酯橡胶是一种耐用的、低压缩永久变形橡胶，有优异的耐高温、耐热矿物油、耐液压油和耐候性。AEM 的低温弹性和力学性能优于 ACM，但它不耐低苯胺油（如 ASTM3 号油）和极性溶剂。

① 温度范围－30～180℃，180℃短时间使用。

② 硬度范围：邵尔 A 硬度 40～85。

③ 应用：AEM 通常用在那些比丁腈橡胶、氯丁橡胶的性能要求高，或需降低高端橡胶（如氟橡胶）的使用成本的场合。主要用于制造汽车引擎油及传动油的密封件。

126. 聚丙烯酸酯橡胶（ACM）特征是什么？

① 温度范围：－25～180℃，180℃短时间使用，特殊材料耐低温可至－30℃。

② 硬度范围：邵尔 A 硬度 45～80。

③ 应用：聚丙烯酸酯橡胶主要应用在汽车行业，主要用来制作高温油封、耐极压油油封、变速箱密封、活塞杆密封。由于丙烯酸酯橡胶具有优良的耐热性、耐油性，在汽车行业中的一定范围内替代氟橡胶是非常经济的。在电器工业中可以代替硅橡胶，制成耐高温、耐油的电线、电缆、垫圈等。也可用于容器衬里、石油勘探用耐油制品，可制成特种胶管和胶带。

127. ACM 与 FPM 性能差别有哪些？

在耐热和耐油综合性能方面，丙烯酸酯橡胶仅次于氟橡胶，在生胶品种中占第二位，在制造 180℃高温下使用的橡胶油封、O 形圈、垫片和胶管中特别适用，同时价格比氟橡胶低。

① 耐腐蚀性：ACM<FPM。

② 耐溶剂性：ACM<FPM。

③ 耐油性：ACM<FPM。

④ 耐寒性：ACM>FPM。

⑤ 耐老化性：ACM>FPM。

⑥ 耐高温性：ACM<FPM。

⑦ 粘辊：ACM>FPM。

⑧ 力学性能：ACM<FPM。

⑨ 价格：ACM<FPM。

⑩ 耐辐射性：ACM<FPM。

128. ACM 可与哪些橡胶并用？

ACM 与 NBR 并用可改善 ACM 胶料的强伸性能，特别是改善 ACM 的硫化粘模问题。

ACM 与硅橡胶并用可改善 ACM 胶料的耐高、低温性能，改善硅橡胶耐油性。

ACM 与 ECO 并用可改善 ACM 硫化胶的耐低温性能、耐水性以及弹性差的不足。

129. 标准型（耐热型）、耐寒型、超耐寒型丙烯酸酯橡胶有何区别？

标准型 ACM 耐热、耐油及物理性能好，但是耐低温性能差；而超耐寒型耐低温性能好，但是耐油性比较差、胶料物理性能差；耐寒型介于两者之间。

标准型 ACM 其耐热、耐热油等性能较好，不足之处是耐寒性差，一般在保证其他性能不变的情况下，耐低温在－12℃。而耐寒型 ACM，耐低温可达－40℃。耐寒型 ACM 橡胶虽耐寒性优越，但相对耐油性、物理性能比较不理想，压缩永久变形也大，如利用两类各有所长的 ACM 橡胶共混，则可在综合性能方面得到有效改善。

130. ACM 小于 30%压缩永久变形能做到吗？

对于一般活性氯型 ACM，金属皂类硫化体系肯定不能，TCY 硫化体系只能好一点，一般都在 50%左右（150℃×70h×25%），并且 TCY 硫化体系焦烧期短。

羧基型 ACM 用胺类硫化体系压缩永久变形可达到 30%左右，进口的专用 ACM 能控制在 30%以内。

AEM 不存在这个问题，但成本高了很多。

131. ACM 橡胶 TCY/BZ 体系硫化时有流痕，怎么办？

主要原因：TCY/BZ 硫化体系焦烧期短，起硫点过早，胶料还没有流动充分就出现交联现象。

解决方法：可以采用适当降低硫化温度、提高机器吨位和硫化压力、改进装胶方式、提高装胶速度、低温装胶等方法改进。

132. 如何改善 ACM 压缩永久形变较大、弹性差的缺点？

① 生胶型号选择：ACM 生胶强度很低，弹性和压缩永久变形就比较差。不要用活性氯型原胶，用羧基型的，如 Zeon 的 AR72LF、AR72LF、AR53。

② 硫化体系：胺类硫化体系好于 TCY 硫化体系、TCY 硫化体系好于皂/硫黄硫化体系。用 Zeon 的 AR72LF 配合硫化剂 ZISNETF 可以达到很好的压缩变形。

③ 填料优先考虑碱性、粒径大、结构性低的填料。

④ ACM 最好进行二段硫化，否则压缩永久变形很大。

133. 如何解决 ACM 容易焦烧的状况？

用 TCY 硫化的 ACM 胶料很容易焦烧。使用时注意：

① TCY 硫化体系的 ACM 胶当天加硫，当天用，用不完的放在冰柜里冷藏。

② 使用造粒的、预分散 70%的 TCY。

③ CTP 用在 TCY 硫化 ACM 上，迟延硫化效果很明显，但有难闻的味道。

④ CTP 加上分散光亮剂 ZX-216 可达到既防焦又无味的效果，ZX-216 本身也是分散剂，ZX-216 能起到遮味的作用，再生胶的气味也能改善。

⑤ 加 1 份防焦剂 E-80，能显著延迟起始硫化而不明显延长总硫化时间。与次磺酰胺或噻唑类促进剂并用时可以明显改善加工安全性，而基本不影响硫化胶性能。用于含秋兰姆的胶料时，E-80 仅有轻微的延迟作用（NBR 胶料除外）。若加入 MgO，E-80 对含秋兰姆的 NR 或 SBR 胶料同样有效。E-80 不影响硫化胶性能，不会引起接触污染，硫化胶日光照射后不褪色，只是纯白色制品经长时间曝晒会轻微发黄。用量为 0.2～2 份。

⑥ DTDM 用于 NaSA 硫化 ACM 也有一定的迟延硫化效果。

⑦ 换用羧基 ACM 和环氧型或者自硫化型，比较容易控制。

⑧ 使用 THERMAXN990 炭黑，可以在很大程度上改善 ACM 制品挤出过程中的焦烧问题。

134. 如何使 ACM 胶料成品手感弹性好、柔韧？

① 用蒸汽硫化。

② 硬度宜低，本身 ACM 弹性就不太理想，要保证手感好硬度就不能高。

③ 含胶率宜高。

④ 炭黑只起染色效果。

⑤ 用 Z-311 硫化，硫化后需要进行二次硫化，这样弹性效果好。

135. ACM、AEM 与 HNBR 耐油性和耐热温度哪个更高呢？

① 耐油性：ACM、HNBR 差不多，但比 AEM 好。

② 耐高温：AEM、ACM 比 HNBR 好；AEM 长期耐高温性没羧基 ACM 好。ACM 分类比较多，耐油性、耐高温有很大区别。

136. 如何提高丙烯酸酯橡胶硬度？用 TCY 硫化体系需要二段硫化吗？

① 增加高补强炭黑、白炭黑，少用软化剂，但工艺性能不好。ACM 门尼黏度选低的，填充多一些，这样硬度达到要求时流动性也好。如 60 份 N330＋20 份 N85。

② 硫化剂用量足，硫化程度足够。

③ 适当增加增硬树脂类材料。

TCY 硫化体系一般不用二段硫化，但进行二段硫化可提高胶料的强度和抗压缩永久变形性。

137. 如何解决 AEM 产品表面出现特别小的砂眼和突出物？

AEM 产品表面出现特别小的砂眼和突出物可能是硫化不充分造成的，也可能是胶料门尼黏度过低和混炼不均匀造成的。如硫化体系太弱，则硬脂酸应减少一点。如为分散不均所致，则胶料薄通 3～5 遍。

138. 氯化聚乙烯（CM）与氯磺化聚乙烯（CSM）的结构区别是什么？

氯磺化聚乙烯橡胶（CSM）是将聚乙烯溶于四氯化碳或氯苯溶剂中，经连续或间断氯化和氯磺酰化反应而制得的，HDPE 可得线型结构的 CSM，而 LDPE 则得支链化的 CSM。

氯磺化聚乙烯橡胶典型的结构式如下：

$$\left[\left(CH_2-CH_2-CH_2-CH_2-CH_2-CH_2-\underset{\displaystyle Cl}{\underset{|}{CH}}\right)_{12}\underset{\displaystyle SO_2Cl}{\underset{|}{CH}}\right]_n$$

氯磺化聚乙烯分子结构的特点在于它是一种以聚乙烯作主链的饱和型弹性体，侧基为氯基和氯磺基，因而与其他饱和型弹性体一样，耐日光老化、耐臭氧及耐化学药品性远优于含双键的不饱和弹性体。另外，由于氯的引入而使其具备难燃和耐油性能。同时，由于引入亚磺酰氯作交联点，更使之像通用橡胶那样易于硫化，这一点极有利于其弹性充分发挥出来。

氯化聚乙烯橡胶（CM）是非结晶型饱和弹性体，采用水相悬浮法、溶液法或固相法将聚乙烯氯化得到，属于氯化聚乙烯的一种。氯化聚乙烯是聚乙烯与氯气通过取代反应制得的一种改性聚合物。分子结构为：

$$\left[\overset{H_2}{C}-\overset{H_2}{C}\right]_x\left[\overset{H_2}{C}-\underset{\displaystyle Cl}{\underset{|}{\overset{H}{C}}}\right]_y\left[\underset{\displaystyle Cl}{\underset{|}{\overset{H}{C}}}-\underset{\displaystyle Cl}{\underset{|}{\overset{H}{C}}}\right]_z$$

氯化聚乙烯分子结构的特点在于它是一种以聚乙烯作主链的饱和型高分子材料，侧基为氯基，因而与其他饱和型材料一样，耐日光老化、耐臭氧及耐化学药品性远优于含双键的不饱和型弹性体。另外，由于氯的引入而使其具备难燃和耐油性能。

根据氯化程度的不同（15%～73%），氯化聚乙烯性质随之变化：氯含量低于 15%时为塑料；氯含量 16%～24%时为热塑性弹性体；氯含量 25%～48%时为橡胶状弹性体；氯含量 49%～58%时为类似皮革状的半弹性硬聚合物；氯含量高至 73%时则为脆性树脂。氯化聚乙烯橡胶是非结晶型饱和弹性体。

139. 氯化聚乙烯（CM）与氯磺化聚乙烯（CSM）的性能区别是什么？

（1）相近性能

① 耐老化性优越。

它们都是饱和的且含有氯原子的聚合物，具有优良的耐热性、耐臭氧性和耐候性。

CSM 制成的橡胶制品，不需要添加任何抗臭氧剂。在浓度为 100×10^{-6} 的臭氧中，试验 100h 以上无龟裂。CM 因是饱和的且含有氯原子的聚合物，所以具有优良的耐热性、耐臭氧性和耐候性。CM 是一种饱和橡胶，有优异的耐热氧老化、耐臭氧老化性能。

CSM 的耐热温度可达 150℃，但这时应配用适当的防老剂。对于在 120℃以下使用的制品，宜用防老剂 BA（丁醛-苯胺缩合物）2 份，用于 120℃以上使用的制品时，宜用 2 份防老剂 BA 与 1 份防老剂 NBC 并用。

CSM 的耐候性能优良，特别是配用了适当的紫外线遮蔽剂（如二氧化钛、炭黑等）的制品，可在大气中曝晒三年以上。

② 低温性能较差。

CSM 的耐低温性能接近氯丁橡胶，在－30℃下能保持一定的屈挠性能，在－56℃下发脆。但如与天然橡胶、顺丁橡胶或丁苯橡胶并用，而且加入酯类增塑剂，则能提高耐寒性能，不过拉伸强度下降，伸长率也下降。不饱和型橡胶并用量一般为 20%。

③ 物理机械性能良好。

CSM 不用炭黑补强就具有 17.7MPa 的拉伸强度。CSM、CM 适于制造浅色的、耐自然老化的制品。加入白色填充剂是为了改善胶料的工艺性能及某些物理机械性能。

④ 耐燃性能良好。

CSM 结构中含有氯原子，故能起防止延燃的作用，是一种仅次于氯丁橡胶的耐燃橡胶。CM 中含有氯元素，具有极佳的阻燃性能，且有燃烧防滴下特性。其与锑系阻燃剂、氯化石蜡、$Al(OH)_3$ 三者以适当的比例配合可得到阻燃性能优良、成本低廉的阻燃材料。

⑤ 耐化学药品性能良好。

保持了聚乙烯的化学稳定性，有优异的耐酸碱、耐化学药品性能。

⑥ 耐油性较好。

CSM 的耐油性能次于丁腈橡胶和氯丁橡胶。CM 耐油性能优秀，其中耐 ASTM1 号油、ASTM2 号油性能极佳，与 NBR 相当；耐 ASTM3 号油性能优良，优于 CR，与 CSM 相当。

⑦ 加工性好。

CSM 与天然橡胶、丁苯橡胶及其他橡胶相比，有较大的热塑性，因此，可以用普通的橡胶设备进行加工，且不必进行塑炼。CSM 还具有与各种橡胶并用，使后者的耐老化性能提高的特点。CM 具有高填充性能，胶料的压出性能好。二者着色稳定。

（2）差别大的性能

CM 不能用硫黄硫化体系硫化交联，而采用硫脲、过氧化物等硫化体系。

CM 在高温下的耐老化性能优于 CSM。

CM 无毒，不含重金属及 PAHS，其完全符合环保要求。

140. CPE 与 CM 区别是什么？

CPE 是树脂型氯化聚乙烯，CM 是橡胶型氯化聚乙烯，它们是氯化聚乙烯的两大主要品种。

氯化聚乙烯是由高密度聚乙烯（HDPE）经氯化而制得的一种氯化聚合物，根据其含氯量、残余结晶度以及其他特性，可分为树脂型氯化聚乙烯（CPE）和橡胶型氯化聚乙烯（CM）。CPE结构中含有一定量的残留结晶，CM基本不含有残留结晶。

CM是一种新型、环保的特种橡胶。它比其他橡胶具有更为优良的耐寒、耐老化、耐臭氧、耐油、耐燃性。CM的耐油性能要比CPE好，在150℃下，其耐老化性能优于氯醚橡胶、丁腈橡胶、氯丁橡胶（CR）和氯磺化聚乙烯橡胶（CSM）；其使用温度在－50～150℃；它能耐大多数腐蚀性介质，如高浓度的无机酸、碱和盐的溶液，但不耐强氧化剂和溶剂化作用的药品，如浓硝酸、铬酸、高氯酸和有机胺等。

141. CSM与CM应用上有何区别？

CM主要用于电线电缆、胶管、输送带、橡胶水坝、汽车内胎、电梯扶手等领域。受蒙特利尔国际公约的制约，国外已将阻燃橡胶生产和研究的重点从CR和CSM转向CM。因此，从防止大气臭氧层破坏的角度讲，CM是CR、CSM的环保更新换代产品，是一种具有广泛应用前景的弹性体。按美国保险商实验室（UL）规定，CM的性能能够达到该规定要求，广泛应用于电线电缆。主要用于耐油平行软线的绝缘和纤维编织软线的绝缘，多种电器、车辆用软线和软缆的护套，建筑用线的护套等。双芯平行线也用CM制作外护套。美国用于电线电缆的CM约占其总消费量的50％。氯化聚乙烯主要应用于：电线电缆（煤矿用电缆、UL及VDE等标准中规定的电线）、液压胶管、车用胶管、胶带、胶板、PVC型管材改性、磁性材料、ABS改性等等。

CSM可以用于白胎侧、阻燃运输带、耐酸胶管、碾米胶辊、汽车部件、自动扶梯的扶手及原子能反应堆中同时要求承受热、水分或射线的橡胶件，电线、电缆和电气零件，还可用来制作鞋底、汽车火花塞护套、阀隔膜、O形圈、泵叶轮、垫圈、垫片和化工用槽、管、阀、泵的衬里以及冷藏箱、洗衣机、胶布制品、汽车门窗的密封嵌条。氯磺化聚乙烯的硬质胶适于制造工具手柄、电气器皿、方向盘等。由于氯磺化聚乙烯微孔胶料具有低定伸应力、高拉伸、耐压缩、耐候、色稳定等优点，使其在室内装置和汽车制造中具有广泛用途。在宇航领域中也有氯磺化聚乙烯的踪迹，例如，美国曾以氯磺化聚乙烯作为宇航员用的聚氨酯泡沫躺椅的保护层。另外，氯磺化聚乙烯还可以作为屋顶铺设材料的涂覆层。

142. CPE135代号含义是什么？

国内CPE型号一般用135A、140B、239C等来标识，其中第一位数字1和2表示残余结晶度（TAC值）的大小，1代表TAC值在0％～10％，2表示TAC值＞10％；第二、三位数字表示氯含量，如35表示氯含量为35％；最后一位是字母A、B、C，用来表示原料PE分子量的大小，A为最大，C为最小。

TAC值：TAC值表示CPE分子中PE结晶和无定形态的含量，从一定程度上反映了CPE分子上氯原子的分布均匀情况，TAC值大，表示PE链段结晶多，而PE链段与PVC相容性差，TAC值小则PE与PVC相容性好，一般选TAC值小于5的CPE作为抗冲击改性剂。

143. 多加MgO的CSM胶料为什么容易自硫？

① 金属氧化物对于含卤橡胶本身就可以起到硫化和促进硫化的作用，用量大就更易发生硫化。

② 存放温度太高。

③ 没有及时冷却。

144. 如何解决CM硫化试片上有很多小气泡的问题？

① CM、CPE和PVC都是热敏性的树脂，不加热稳定剂很容易降解，放出HCl产生气泡，可加二碱式亚磷酸铅、三碱式硫酸铅等热稳定剂。如果胶料水分高可加吸水剂CaO。

② 适当降低硫化温度，提高硫化压力。

③ 硫化时增加排放气次数。

145. 如何解决CM（氯化聚乙烯橡胶）正硫化时间太长的问题？

① 提高配方碱性。

② 适量加入PX、DM、TRA或TMPTM等促进剂。

③ 采用3M硫化剂，但是价格高。

④ 硫化温度在硫化剂的分解温度范围以上。

146. 如何降低CM（氯化聚乙烯橡胶）门尼黏度？

① 选用低门尼黏度的CM。

② 适当增加增塑剂用量。

③ 少加填料。

147. 氯化聚乙烯橡胶门尼黏度测试温度有的写ML(1+4)121℃，还有的写ML(1+4)125℃，有什么区别？

CM生胶按国家标准门尼黏度测试温度是125℃，CM混炼胶的门尼黏度测试温度按标准是100℃；121℃是参照了陶氏化学的测试温度。

具体检验时要看执行的是哪个标准，按标准进行。

148. 浇注型与混炼型聚氨酯橡胶有什么不同？

聚氨酯橡胶按加工方法来划分，分为浇注型聚氨酯橡胶、混炼型聚氨酯橡胶和热塑性聚氨酯橡胶；按原料化学组成来分有聚醚类聚氨酯橡胶（EU）和聚酯类聚氨酯橡胶（AU）。

浇注型聚氨酯橡胶、混炼型聚氨酯橡胶差别见表1.5。

表1.5 不同类型聚氨酯橡胶性能差别

项目	混炼型	浇注型
加工方法	混炼→高温硫化	浇注成型→高温硫化
性状	一般为固体	黏稠液体
端基	—OH(基本为线型,分子量较低,为2万～3万的聚合物)	—NCO(预聚体)
交联剂或扩链剂	交联剂:硫黄、过氧化物、多异氰酸酯	扩链剂:水、多元胺、醇胺类、多元醇类等
产品性能	机械强度较低,硬度变化范围窄	机械强度高,硬度变化范围宽

149. 聚醚型和聚酯型聚氨酯橡胶有什么不同？

聚氨酯橡胶的耐水性差，也不耐酸、碱，长时间与水作用会发生水解。聚醚型的耐水性优于聚酯型。性能对比见表1.6。

表1.6 聚酯型和聚醚型聚氨酯橡胶性能对比

性能	AU	EU	性能	AU	EU
耐辐射性	高	低	弹性	低	高
耐磨性	高	低	耐水性	次	好
耐霉菌性	低	高	耐热性	高	低
载荷能力	高	低	耐溶胀性	高	低
压缩变形	小	大	耐氧、臭氧	高	低
耐寒性	次	好	耐紫外线	高	低

150. 聚氨酯橡胶主要特性是什么？

聚氨酯橡胶的结构特性不仅决定了它具有优良的综合物理机械性能，而且也使聚氨酯橡胶可通过改变原料的组成和分子量以及原料配比来调节橡胶的弹性、耐寒性以及模量、硬度和机械强度等性能。其通性如下。

① 具有很高的拉伸强度（一般为28～42MPa，甚至可高达70MPa以上）和撕裂强度。

② 弹性好。即使硬度高时，也富有较高的弹性。

③ 扯断伸长率大。一般可达400%～600%，最大可达1000%。

④ 硬度范围宽。最低为10（邵尔A硬度），大多数制品具有45～95（邵尔A硬度）的硬度，当硬度高于70（邵尔A硬度）时，拉伸强度及定伸应力都高于天然橡胶，当硬度达80～90（邵尔A硬度）时，拉伸强度、撕裂强度和定伸应力都相当高。

⑤ 耐油性良好。常温下对多数油和溶剂的抗耐性优于丁腈橡胶。

⑥ 耐磨性极好。其耐磨性比天然橡胶高 9 倍，比丁苯橡胶高 3 倍。

⑦ 气密性好。当硬度高时，气密性可接近于丁基橡胶。

⑧ 耐氧、臭氧及紫外线辐射作用性能佳。

⑨ 耐寒性能较好。

与其他橡胶相比，聚氨酯橡胶的物理机械性能是很优越的，所以一般都用于一些性能需求高的制品，如耐磨制品，高强度耐油制品和高硬度、高模量制品等。实心轮胎、胶辊、胶带、各种模制品、鞋底、后跟、耐油及缓冲作用密封垫圈、联轴节等都可用聚氨酯橡胶来制造。

此外，利用聚氨酯橡胶中的异氰酸酯基与水作用放出二氧化碳的特点，可制得相对密度约为水 1/30 的泡沫橡胶，具有良好的力学性能，用于绝缘、隔热、隔声、防震，效果良好。

151. 一般聚氨酯制造的制品为什么使用温度不能过 75℃？

由于酯的化学特性——水解性，特别是在高温下 PUR 更易水解，这就造成聚氨酯不耐高温，耐温最高只有 80～90℃，高温下耐磨性能恶化，这样就决定了聚氨酯橡胶正常使用温度在 80～90℃以下，通常确定为 75℃。

152. 废旧硫化橡胶有哪些回收处理方法？

废旧橡胶作为固体废弃物，其处置方法有填埋、焚烧、整体回用、循环利用。废旧橡胶的回收利用主要有两种方法：通过机械方法将废旧轮胎粉碎或研磨成微粒，即所谓的粒或胶粉；通过脱硫技术破坏硫化胶化学网状结构，制成所谓的再生橡胶。

153. 硫化胶粉有哪些用途？

胶粉除了可替代再生胶外，还有其独特的作用。胶粉具有生产流程短、制作简单、公害少等优点。胶粉的应用可分为：一是纯粹作为填料使用，无特殊要求；二是作为沥青和树脂改性剂；三是作为生胶替代品，要求达到一定细度或表面经过处理或两者兼而有之。胶粉的优点是密度小、炼胶时不飞扬及模内流动性良好，并有助于提高胶料的低温性能，这些都是无机填料所无法相比的。

154. 为何再生胶能单独作为生胶使用？

再生胶是指废旧硫化橡胶经过粉碎、加热、机械处理等物理化学过程，使其从弹性状态转变成具有一定的塑性和黏性，能够再硫化的橡胶。

正是由于再生胶具有一定的塑性和黏性、能够再硫化性，符合生胶的基本特性，因而可作为生胶单独使用，也可与生胶并用。

使用再生胶有以下优点。

① 价格便宜，其橡胶含量约为50%，并含有大量有再次利用价值的防老剂、软化剂、氧化锌和炭黑等。一般再生胶拉伸强度可达9～10MPa以上。

② 有良好的塑性，易为生胶和配合剂混合。因此掺用再生胶混炼时，不仅使混炼胶质量均匀，而且可节省工时，降低动力消耗。

③ 使用再生胶，可使混炼、热炼、压延、压出等加工过程的生热减少，从而可避免因胶温过高而焦烧，这对炭黑含量多的胶料尤为重要。

④ 掺用再生胶的胶料流动性好，因此压延、压出速度快，压延时的收缩性和压出时的膨胀性小，半成品外观缺陷少。

⑤ 掺用再生胶的胶料热塑性小，因此在成型和硫化时易于保持原形。

⑥ 硫化速度快，硫化返原倾向小。

⑦ 可提高制品的耐油和耐酸碱性能。

⑧ 耐老化性好，能改善制品的耐自然老化及耐热氧老化性能。

缺点：性能低，主要是物理机械性能；生产过程中能量消耗大，且产生一定污染。

155. 再生胶制造方法有哪些？

再生橡胶制造方法可以分为三类：物理再生、化学再生和生物再生。

物理再生是利用外加能量，如力、热-力、冷-力、微波、超声波、射线能等，使交联橡胶的三维网络破碎，形成具有流动性和黏性及可硫化性的再生胶。具体有机械再生法、微波再生法、超声波再生法、电子束再生法、远红外再生法等。

化学再生是利用化学助剂，如有机二硫化物、硫醇、碱金属等，在一定温度下，借助机械力定向催化裂解橡胶交联键，并使断裂点稳定，达到再生目的。有油法、水油法、高温高压动态脱硫法等。按再生剂不同分为普通再生法、De-link再生法、RRM再生法、RV再生法、TCR再生法等。

生物再生是硫化胶的硫交联键在微生物的作用下发生断裂或者脱硫，使废橡胶得以重新具有可加工性。

156. “塑化橡胶粉”是什么？

它是一种新型橡胶材料，是由废弃轮胎经常温粉碎得到的精细橡胶粉再经塑化处理（脱硫等）得到的胶粉状产品，其实就是再生胶生产过程中的中间产品，如对此胶粉进一步进行精炼即得再生胶。在不影响物性并明显降低成本的情况下，配方可根据需要灵活调整，除鞋业外，还可广泛用于各类橡胶制品行业。

157. “脱硫”是不是将硫化胶中的硫黄脱出？

“脱硫”本质是破坏硫化胶网络结构，使分子主链或交联键断开，从而形成短的分子链和小的网状体。在此过程中胶料中的硫黄并没有从橡胶中脱出。由于多数橡胶是采用硫黄进行硫化的，即通过硫黄与橡胶发生化学反应来形成交联，人们就将此过程叫“硫化”（硫黄与橡胶化学反应），有些地方也称为“加硫”，现在硫化这一概念已被赋予更多含义，如物理交联、辐射交联、非硫黄体的交联。脱硫与加硫这一对早期用于橡胶交联和再生胶再生的相反概念，并不完全是对立的，硫化是交联，而脱硫并非是将加入胶料的硫黄抽出橡胶分子再回到原来的链结构，而是对交联键和橡胶分子的破坏。

158. 为何再生胶制品泛黄，有时还会污染包装膜？

现在的轮胎配方（特别是钢丝胎）都含有大剂量的防老剂和高结构细粒子炭黑，而且再生胶制造时会添加一定量的松焦油或煤焦油，容易出现泛黄、泛蓝、泛红、泛彩。泛蓝严重的就会表现为泛彩，泛蓝、泛彩都是炭黑引起的，制造炭黑的油越差，泛蓝、泛彩就会越严重。泛黄、泛红主要是污染性防老剂和油引起的。只要是用油都会出现泛红和泛彩的问题，用矿物系列油的会泛黄，植物系列的不会。

159. 为什么热塑性弹性体不耐热？

热塑性弹性体也称热塑性橡胶，具有橡胶和热塑性塑料的特性，是在常温显示橡胶的高弹性，高温下又能塑化成型（塑料加工特性）的高分子材料。在加工成型温度（通常这一温度不是很高）以上呈现为塑性或黏流性，失去弹性、强度等使用性能，因而其不耐热（高温）。

按热塑性弹性体制备方法可分为：苯乙烯-二烯烃嵌段共聚物类、苯乙烯-乙烯/丁烯嵌段共聚物类、聚氯乙烯热塑性弹性体类、聚烯烃共混物类、聚烯烃-丁二烯-丙烯酸酯橡胶共混物类等。

160. 橡胶中聚合物的定性鉴别有哪些方法？

（1）燃烧法

燃烧法即用煤气灯或火柴点燃试样，然后根据气味及燃烧状态加以判断。燃烧法有一定的局限性和缺点，高分子材料中的其他一些组分会影响燃烧特点，如塑料中加有阻燃剂或某些无机填充剂时，材料燃烧的难易会发生明显变化。

（2）溶解法

不同的聚合物在不同的溶剂中有着各自的溶解特性，聚合物与各种溶剂间的溶解能力一般以溶解度参数（SP 值）表示。

溶解过程可理解为聚合物分子与溶剂分子的引力使大分子链间距离增大的结果。线型聚合物，除聚四氟乙烯外，一般都能溶于不同的溶剂中。交联结构的聚合物，除非溶解过程能够破坏其交联，否则是不会溶解的，只能在某些溶剂中溶胀。因此，溶解法对硫化胶的鉴定是有局限性的。应当注意，聚合物的溶解性与其分子量有很大关系，分子量越大，在溶剂中的溶解速度越慢。分子量在 10 万～100 万的聚合物需要 1～2d 才全部溶解，超过 100 万，往往需要 2～3d，而且在溶解过程中先出现溶胀现象。

（3）红外光谱法

红外光谱是测定聚合物化学结构常用的方法，也是比较准确的方法。各种结构不同的化合物都有它的特征红外吸收光谱图。在吸收光谱中，每一吸收带都反映了化合物中某一原子或原子团的振动形式。这些结构的振动频率与其质量的大小及化学键的强度大小有关。

① 薄膜法：将聚合物溶于溶剂中，缓慢蒸发溶液除去溶剂，制成薄膜，然后测定薄膜的红外吸收光谱。

② 溴化钾压片法：将1～3mg的精制聚合物与0.2～1g的溴化钾混合，用研钵粉碎，用压片机加压制成片后测定其红外吸收光谱。对于弹性体或硬度高的聚合物使用有溶胀作用的溶剂预先使之溶胀，然后再与溴化钾混合、粉碎、压片。

③ 热分解法：在难以获得精制聚合物的情况下，如着色严重的、硫化橡胶、含有大量的填充剂、不易分解的等，可采用热分解的方法先将聚合物分子链适当切断，收集生成的液体产物，然后再用溶剂精制分解产物制成试料。

④ 衰减法（全反射法）：一种表面反射的红外光谱法，使用于涂膜面或要求不破坏试样的场合，但需要使用特殊的装置。

（4）热分解气相色谱法

红外光谱法的首要条件是必须从塑料或橡胶配合物中分离精制聚合物，这对于无溶剂可选择的热固性聚合物是不适用的。热分解气相色谱法则无须预先分离精制试料，因此用于难以分离精制的聚合物，特别是热固性聚合物的鉴定很适合。

① 在色谱装置外进行热分解，将生成物一次收集后注入色谱装置内。

② 在载气中使用铂或镍铬丝进行热分解。

③ 用小盘（铂或石英）称取试样，放入加热炉内迅速进行分解。

161. 集合橡胶（SIBR）有何特点？

集合橡胶也称集成橡胶，可以人工设计成分与结构，从而设计橡胶的性能，实现性能综合化、平衡化。

集合橡胶是一种结构经过特别设计的苯乙烯、异戊二烯和丁二烯三元共聚物，柔性强的链段使橡胶具有优异的低温性能，同时还可降低滚动阻力，提高轮胎的耐磨性；而刚性的链段则增大橡胶的湿地抓着力，提高轮胎在湿滑路面行使的安全性，这使得SIBR成为迄今为止性能最为全面的二烯烃类橡胶。

162. 如何区别NR、SBR、NBR、CR、EPDM、BR生胶和混炼胶？

① 闻。每一种橡胶都有各自特色的味道。如烟片胶的烟味，氯丁橡胶和丁腈橡胶的刺激性气味，CR的特殊气味。

② 拉。看拉出丝的情况，SBR易拉成胶丝。

③ 烧。CR不易燃烧；NR燃烧时会滴油，烟为黑色；SBR、NBR、BR燃烧

时出黑烟。

④ 强度。NR 黏性比较好，生胶强度高；SBR 一般有气味，能拉丝；NBR 冷流情况比较严重；EPDM 有气味，胶比较脆，有些品种像米粒一样。

⑤ 冻。将胶放入冰箱中，温度－5℃左右，1～2h，发硬为天然橡胶和氯丁橡胶。

⑥ 看。每种不同牌号的生胶都有各自独特的外观状态。

此外还有其他鉴定方法。总之要掌握各种生胶的物理机械特性，根据它们的不同点进行区分。

163. 橡胶耐寒性表征参数 T_g、T_m、T_b 各有什么不同?

耐寒性只看 T_g 是不准确的，橡胶的结晶因素还应考虑在内。比如顺丁胶的 T_g 很小，但它能结晶。胶料动态耐寒测试最好还是测低温回缩试验 TR10 或者低温压缩耐寒系数。NR、CR 是结晶橡胶，单看 T_g 低，不一定耐寒效果好。

164. 粉末丁腈橡胶不硫化可以使用吗?

粉末丁腈多数是部分硫化（交联）构造的粉末状丁腈橡胶，具有尺寸稳定性，可作 PVC 和 ABS 改性剂、耐磨剂、密封件、电线、油管及板材等。粉末丁腈已经部分交联，用在塑料改性里，不用硫化。

165. 有没有硅胶特殊材料，耐温能达到 400～450℃ 的?

短时间使用的可用硼硅橡胶、氟硅橡胶。较长时间可用硅氮橡胶，它是一种耐高温硅橡胶，具有优良的耐热性，430～480℃下不分解，425℃下不失重，570℃下失重仅 10%。可由 N,N'-(二苯基羟基硅基) 四甲基环二硅氮烷与 α,ω-二氨基六甲基三硅氧烷以及少量 α,ω-二氨基三甲基乙烯基二硅氮烷反应来制取。用于耐 400℃高温的橡胶密封材料，也可用作耐高温的弹性涂料。

第2章 硫化体系

166. 什么是橡胶硫化？

硫化从分子结构上是指橡胶的线型大分子链通过化学交联而构成三维网状结构的化学变化过程（也称为交联），如图 2.1 所示。

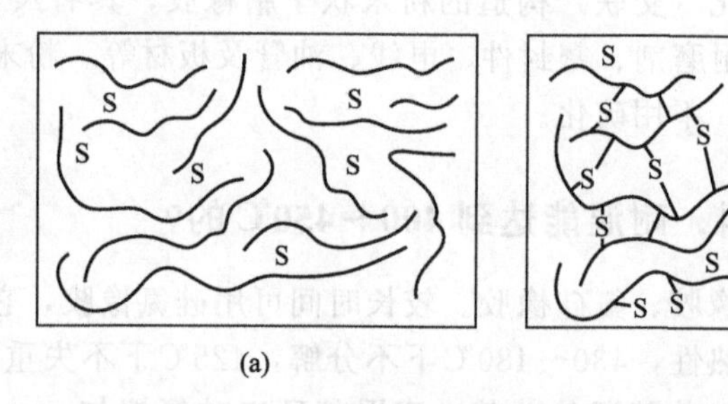

图 2.1　橡胶分子链硫化前、后的网状结构

从橡胶状态上是橡胶加工的最后一道工序，是在一定的温度、压力和时间作用下，使橡胶发生化学反应产生交联，从塑性转变为具有高弹性的大分子，使未硫化胶料转变为硫化胶的工艺过程。从而赋予橡胶各种宝贵的物理性能，使橡胶成为广泛应用的工程材料。

167. 橡胶硫化过程中胶料性质会产生什么变化？

物理机械性能的变化如图 2.2 所示。

由图 2.2 可知，不同结构的橡胶，在硫化过程中物理机械性能的变化虽然有不同的趋向，但大部分性能的变化却基本一致，即随硫化时间的增加，除了扯断伸长率和扯断永久变形下降外，其余指标均是提高的。这是因为生胶是线型结构，其分子链具有运动的独立性，表现出可塑性大，伸长率高，并具有可溶性。经硫化后，在分子链之间形成交联键而成为空间网状结构，分子间除次价键力外，在分子链彼

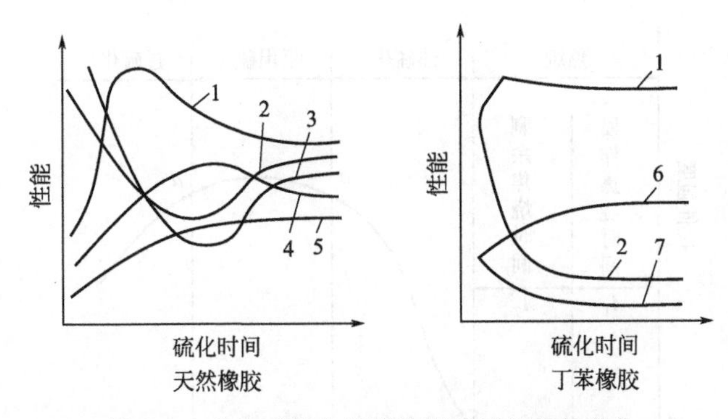

图 2.2 硫化过程中橡胶物理机械性能的变化

1—拉伸强度；2—扯断伸长率；3—溶胀性能；4—回弹性；5—硬度；6—定伸应力；7—永久变形

此结合处还有主价键力发生作用，交联键的存在，使分子链间不能产生相对滑移，但链段运动依然存在。所以硫化胶比生胶的拉伸强度大、定伸应力高、扯断伸长率小而弹性大，并失去可溶性而只产生有限溶胀。

一个完整的硫化体系主要由硫化剂、活性剂、促进剂所组成。硫化反应是一个多元组分参与的复杂的化学反应过程。它包含橡胶分子与硫化剂及其他配合剂之间发生的一系列化学反应，在形成网状结构时伴随着发生各种副反应。其中，在硫黄硫化体系中，橡胶与硫黄的反应占主导地位，它是形成空间网络的基本反应。整个硫化过程可分为三个阶段。第一阶段为诱导阶段。在这个阶段中，先是硫黄、促进剂、活性剂的相互作用，使氧化锌在胶料中的溶解度增大，活性剂使促进剂与硫黄之间反应，生成一种活性更大的中间产物；然后进一步引发橡胶分子链，产生可交联的橡胶大分子自由基（或离子）。第二阶段为交联反应，即可交联的自由基（或离子）与橡胶分子链产生反应，生成交联键。第三阶段为网络形成阶段，此阶段的前期，交联反应已趋完成，初始形成的交联键发生短化、重排和裂解反应，最后网络趋于稳定，获得网络相对稳定的硫化胶。

168. 什么是硫化历程？分为哪几个阶段？

采用橡胶的某一项性能随硫化时间的变化曲线，来表征硫化的历程和胶料性能变化规律，这就是硫化历程，如图 2.3 所示。

一般硫化历程图前半部分是门尼焦烧曲线，后半部分是拉伸强度曲线，两部分曲线构成一个完整的硫化历程。

分段：焦烧阶段、热硫化阶段、平坦硫化阶段和过硫化阶段四个阶段。

(1) 焦烧阶段（*ab* 阶段）

是指胶料正式硫化前的阶段，从胶料放入模内至出现轻度硫化的阶段，包括操作焦烧时间 A_1 和剩余焦烧时间 A_2。操作焦烧时间 A_1 是指在橡胶硫化之前的加工过程中由于热积累效应所消耗掉的焦烧时间，它的长短取决于加工程度，如胶料返炼次数、热炼程度及压延和压出工艺条件、存放条件等。剩余焦烧时间 A_2 是指

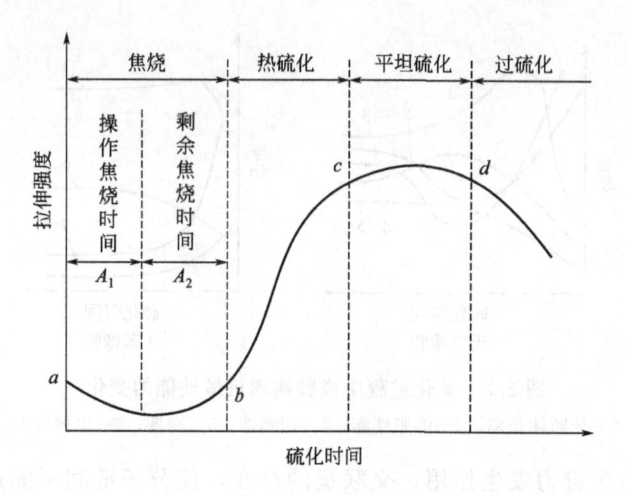

图 2.3 橡胶硫化历程

胶料在模型中受热时保持流动性的时间。在操作焦烧时间和剩余焦烧时间之间没有明显的界限，胶料的加工次数越多，操作焦烧时间越长，橡胶的充模时间会越少，甚至会产生焦烧现象，因此一般的胶料配方设计时应保证有足够的焦烧时间，同时尽量减少反复多次的机械加工。

（2）热硫化阶段（bc 阶段）

是胶料进行较快交联反应的阶段，橡胶的拉伸强度急剧上升，其中 bc 曲线的斜率大小代表了硫化反应的快慢，斜率越大，硫化反应速度越快，生产效率越高。热硫化时间取决于胶料的硫化温度和配方。

（3）平坦硫化阶段（cd 的阶段）

是发生交联键的重排、热裂解等反应的阶段。由于交联和热裂解反应的动态平衡，胶料的拉伸强度曲线在此阶段出现平坦区，硫化胶保持最佳的性能，因此此阶段成为工艺中确定胶料正硫化时间的范围。硫化平坦时间的长短取决于胶料硫化温度和配方，如生胶品种、硫化剂、促进剂和防老剂的品种和用量等。

（4）过硫化阶段（d 以后的部分）

是发生交联键及链段的热裂解反应的阶段。由于交联键及链段的热裂解反应，胶料的拉伸性能下降。

169. 什么是硫化曲线？有哪几种？

硫化曲线是指用硫化仪测定硫化过程中转矩随硫化时间变化的曲线，是另一种描述硫化历程的曲线。它是用硫化仪测出的硫化曲线，见图 2.4，其形状与硫化历程图曲线相似，但是曲线是连续的，其纵坐标是硫化过程中转子的转矩，间接反映胶料的交联程度、硬度或定伸应力。从图中可计算各硫化阶段所对应的时间。

硫化曲线可能出现的三种状态。

第一种是曲线继续上升，如图 2.4 中曲线 M，称为增加型曲线，这种状态是由于在过硫化阶段中产生结构化作用所致。非硫黄硫化的丁苯橡胶、丁腈橡胶、氯丁橡胶、乙丙橡胶等会出现这种现象。

第二种是曲线保持较长的平坦期，如图 2.4 中曲线 P，称为平衡型曲线，通常硫黄硫化的天然橡胶、丁腈橡胶、氯丁橡胶、乙丙橡胶等会出现这种现象。

第三种是曲线呈下降形，如图 2.4 中曲线 R，称为返原型曲线，这是胶料在过硫后产生网络结构裂解所致，通常非硫黄硫化的天然橡胶、硅橡胶、硅氟橡胶等都会出现这种现象。

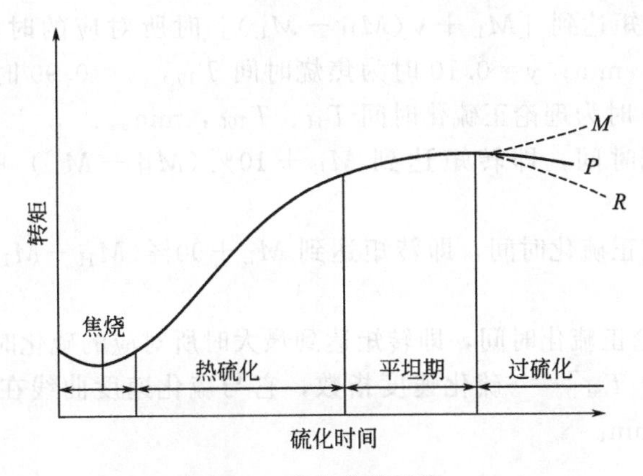

图 2.4 硫化曲线种类

170. 如何从硫化曲线上得到橡胶的硫化特性参数？

硫化曲线所能得到的硫化特性参数如图 2.5 所示。

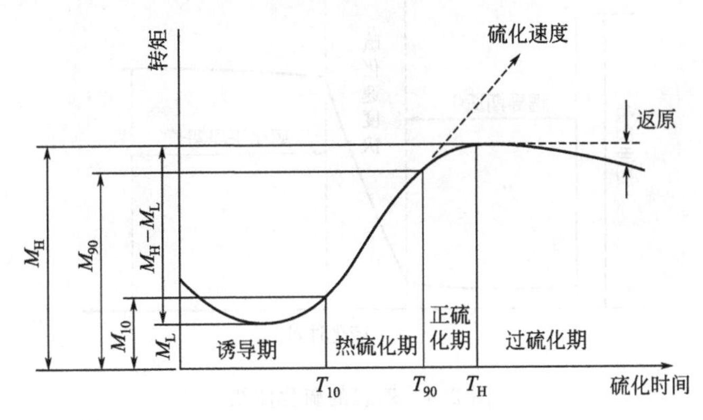

图 2.5 硫化仪曲线取值

利用硫化仪可直接确定的参数有：

M_L——最小转矩，N·m、dN·m。

M_{HF}——平衡型曲线平衡（最高）转矩，N·m、dN·m。

M_{HR}——返原型曲线最高转矩，N·m、dN·m。

M_H——增加型曲线，到规定试验时间之后，仍然没有出现最高转矩的硫化曲线，所达到的最高转矩，这与测试时间有很大的关系，N·m、dN·m。

T_{sx}——起始硫化时间［初期硫化（焦烧）时间］，即从试验开始到曲线由最小转矩上升 x 单位时所对应的时间，min；一般常用的有 T_{s1}、T_{s2} 两个。

T_{s1}——当硫化仪振幅为1°时，起始硫化时间［初期硫化（焦烧）时间］为从试验开始到曲线由最小转矩上升0.1N·m时所对应的时间，min。

T_{s2}——当硫化仪振幅为3°时，起始硫化时间为从试验开始到曲线由最小转矩上升0.2N·m时所对应的时间，min。

$T_{C(y)}$——转矩达到［$M_L+y(M_H-M_L)$］时所对应的时间，建议 y 值取0.1、0.5和0.9，min；y＝0.10时为焦烧时间 T_{10}，y＝0.90时为工艺正硫化时间 T_{90}，y＝1.00时为理论正硫化时间 T_H、T_{100}，min。

T_{10}——焦烧时间，即转矩达到 $M_L+10\%(M_H-M_L)$ 所对应的硫化时间，min。

T_{90}——工艺正硫化时间，即转矩达到 $M_L+90\%(M_H-M_L)$ 所对应的硫化时间，min。

T_{100}——理论正硫化时间，即转矩达到最大时所对应的硫化时间，min。

$100/[T_{C(y)}-T_{s1}]$——硫化速度指数，它与硫化速度曲线在陡峭区域内的平均斜率成正比，min。

171. 理想硫化曲线具备的条件是什么？

理想的硫化曲线应具备4个条件，如图2.6所示。

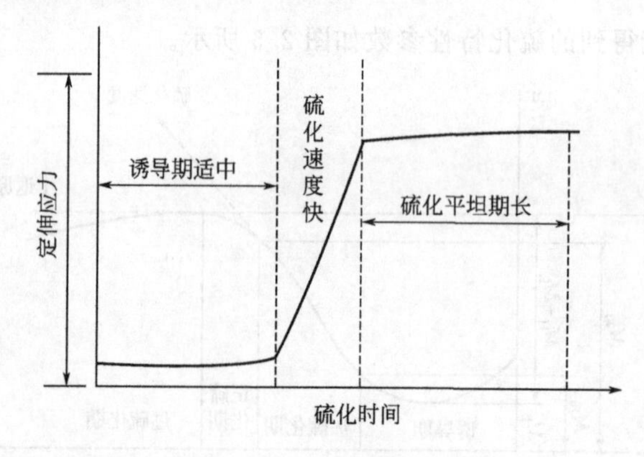

图2.6 理想的硫化曲线

① 应有适当的焦烧时间，以与加工过程相适应，即要充分保证胶料在加工过程中不发生焦烧（生产时胶料的安全性），对于模型制品还要保证胶料在硫化模型内有一定的软化和流动，以充满模型。对于非模型制品，因需要较快的定型速度，焦烧时间更不能过长。

② 应有较快的硫化速度（在制品厚度、热导率、热源允许的条件下），以提高生产效率。

③ 应有较长的硫化平坦期，以保证硫化操作中的安全，减少过硫危险以及制品各部位胶料硫化均匀一致，从而适应厚制品、多部件制品均匀硫化的需要。

④ 在满足上述要求的同时，应有较高的性能，即增高硫化曲线的峰值，以提高制品的质量。

172. 什么是交联密度？对胶料性能有什么影响？

交联密度是反映橡胶交联（硫化）程度深浅的参数，表示形式多样，常用 $1/(2M_C)$ 表示。M_C 表示硫化胶网状结构相邻交联点间的橡胶链段的平均分子量。M_C 越大，硫化程度越浅；M_C 越小，硫化程度越深。

交联密度的大小，取决于硫化体系配合剂的选择及硫化条件。

交联密度的大小对硫化胶性能的影响如下。

① 交联密度对拉伸强度的影响。随着交联密度的增大，拉伸强度先增大再减小，如图 2.7 所示。这是因为交联程度适度增大时，有助于分子链的定向排列和伸张结晶，拉伸强度增大；而交联密度过高，交联网络则阻碍分子链的定向排列，妨碍了结晶，同时也会加重交联键分布的不均匀性，致使应力分布更不均匀，所以拉伸强度下降。

② 交联密度和抗撕裂性能的关系与拉伸强度和交联密度的关系相类似，只不过撕裂强度出现最大值时的交联密度范围比较窄，而且交联密度要比最大拉伸强度的交联密度低得多。这是因为在较低交联密度时，硫化胶有较高的伸长率，有助于撕裂强度的提高。

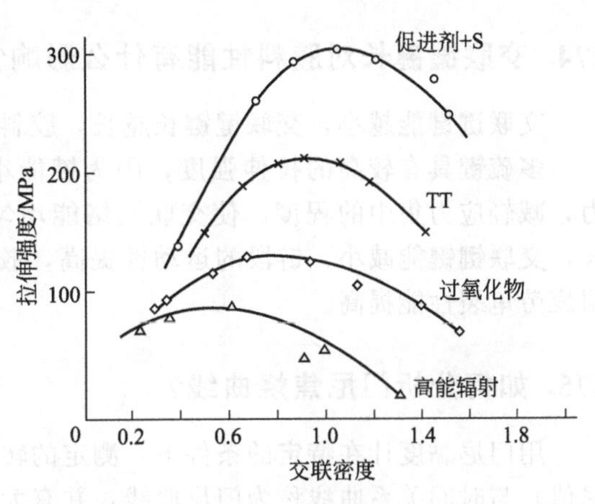

图 2.7 不同硫化体系硫化胶交联密度与拉伸强度的关系

③ 当交联键的类型相同时，随着交联密度的适度增大，硫化胶的定伸应力、硬度、回弹性、定负荷条件下的耐疲劳龟裂性提高，扯断伸长率下降，永久变形和动态生热减小，在溶剂中的溶胀减小。

173. 交联键的类型有哪几种？对胶料性能有什么影响？

不同类型的交联键具有不同的键能，如表 2.1 所示。

表 2.1 不同类型的交联键与键能的关系

交联键类型	硫化体系	键能/(kJ/mol)
C—S_x—C	普通硫黄硫化(硫黄＋促进剂＋活性剂)	＜268.0
C—S—C	硫黄给予体硫化(TMTD 无硫硫化)	284.7

续表

交联键类型	硫化体系	键能/(kJ/mol)
$C—S_2—C$	有效硫化	268
C—C	过氧化物、烷基酚醛树脂	351.7
C—O	金属氧化物、烷基酚醛树脂	360

从表 2.1 可知，多硫交联键的键能较低（习惯上称为“弱键”），所以，多硫交联键的热稳定性较差。而碳-碳键、碳-氧键、单硫键、双硫键等键能较高（习惯上称为“强键”），则具有优良的热稳定性，即有较高的抗硫化返原性、耐热老化性，而且动态条件下生热低。但含多硫交联键的硫化胶，却有较高的拉伸强度。

不同交联键类型对硫化胶的耐疲劳性能也有显著影响。当硫化胶网构中含有一定数量的多硫交联键时，耐疲劳龟裂性能提高。而网构中只有单一的单硫和双硫交联键或碳-碳交联键时，硫化胶的耐疲劳龟裂性能较低。因为有多硫交联键时，在温度和反复变形应力的作用下，多硫交联键的断裂和重排等作用缓和了应力作用。

不同交联键类型与硫化胶的弹性和抗压缩变形性也有密切关系。多硫交联键因有助于链段的运动性，所以提高了弹性，但因键能低、活动性大，而使压缩永久变形增大。而单硫、双硫和碳-碳交联键则表现为弹性较差，而压缩永久变形小。

174. 交联键键长对胶料性能有什么影响？

交联键键能越小，交联键键长越长，胶料的拉伸强度越高。

多硫键具有较高的拉伸强度，因为键能小、键长长，在应力状态下能释放应力，减轻应力集中的程度，使交联网络能均匀地承受较大的应力。交联键键长增长，交联键键能减小，链段的运动性提高，胶料的弹性提高，压缩永久变形增大，耐疲劳龟裂性能提高。

175. 如何分析门尼焦烧曲线？

用门尼黏度计在特定的条件下，测定的转子在胶料中旋转产生的剪切力矩（门尼值）与时间关系曲线称为门尼曲线，并有大小转子之分，依据用途可分为门尼黏度曲线和门尼焦烧曲线。经典门尼焦烧曲线如图 2.8 所示，从图 2.8 中可以分析得到下列特征参数。

T_5——门尼焦烧时间，由力矩（门尼值）最低点上升至 5 个门尼值所对应的时间称为门尼焦烧时间，min（大转子）；

T_{35}——门尼硫化时间，由力矩（门尼值）最低点上升至 35 个门尼值所对应的时间称为门尼硫化时间，min（大转子）；

$T_{\Delta 30}=T_{35}-T_5$，称为硫化指数（也称门尼硫化速度）（大转子），min。

176. 硫化剂、促进剂、活性剂、防焦剂之间的关系是什么？

硫化剂直接与橡胶发生化学作用而形成交联键，多数硫化剂参与交联，如硫黄

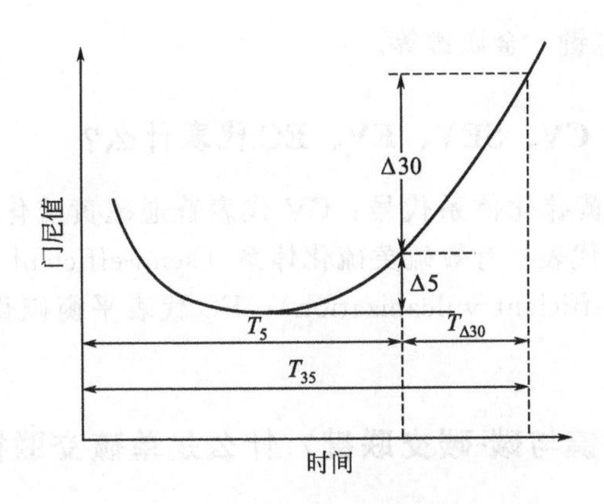

图 2.8 经典门尼焦烧曲线

硫化形成单硫键、双硫键、多硫键，也有的只引发交联而不参与交联，如过氧化物硫化形成碳-碳键。

促进剂提高硫化剂与橡胶交联的速度或降低硫化温度或降低硫化剂用量并改善硫化胶性能，本身不与橡胶发生直接作用。

活性剂通过提高促进剂活性来影响硫化，同样本身不与橡胶和硫化剂发生直接作用。

防焦剂延长胶料的焦烧时间，保证胶料安全性（防止加工过程发生焦烧现象），但不影响胶料正硫化时间，然而实际上或多或少会产生一些影响。

177. 硫黄硫化体系与非硫黄硫化体系有什么不同?

能使橡胶发生硫化（交联）的几种物质形成的体系称为硫化体系，按硫化剂不同分为硫黄硫化体系与非硫黄硫化体系。

（1）硫化剂不同

硫黄硫化体系一般是指硫黄、硒、碲及含硫化合物作为橡胶硫化剂的橡胶硫化体系。其中，含硫化合物有多硫秋兰姆类（如 TMTD、DTDM）。一般它由硫化剂、促进剂、活性剂、防焦剂组成，多数配方不用防焦剂。

非硫黄硫化体系一般是指除硫黄、硒、碲及含硫化合物外的其他物质作为橡胶硫化剂的橡胶硫化体系。这些物质有过氧化物、金属氧化物、酯类化合物、胺类化合物、树脂类化合物等。一般它由硫化剂、硫化助剂（吸酸剂）组成。

（2）应用范围不同

硫黄硫化体系主要用于二烯类通用橡胶（天然橡胶、丁苯橡胶、顺丁橡胶、异戊橡胶、丁腈橡胶）的硫化，低不饱和度的丁基橡胶和三元乙丙橡胶也可使用硫黄硫化。

非硫黄硫化体系主要用于饱和程度较大的合成橡胶及特种合成橡胶的硫化。

（3）交联结构不同

硫黄硫化体系主要形成的交联键为单硫键、双硫键和多硫键。非硫黄硫化体系主要为碳-碳键、碳-氮键、金属键等。

178. 在硫化体系中 CV、SEV、EV、EC 代表什么?

这是四种类型硫黄硫化体系代号：CV 代表普通硫黄硫化体系（conventional vulcanization)；SEV 代表半有效硫黄硫化体系（semi-efficient vulcanization)；EV 代表有效硫化体系（efficient vulcanization)；EC 代表平衡硫化体系（equilibrium cure)。

179. 什么是硫交联键与碳-碳交联键？什么是单硫交联键和双硫交联键、多硫交联键?

硫交联键是由硫形成的交联键，按交联键中硫的数量可分为单硫交联键和双硫交联键、多硫交联键。

碳-碳交联键是由碳形成的交联键，包括由橡胶分子链中碳-碳直接交联，可用“C—C”表示。

单硫键由一个硫原子形成，一般写成“—S—”，交联示意如图 2.9 所示。双硫键由二个硫原子形成，一般写成“—S—S—”或“—S_2—”，交联示意如图 2.9 所示。多硫键由两个以上硫原子（不包括两个）形成，一般写成“—S_x—”或“—S_n—”，交联示意如图 2.9 所示。

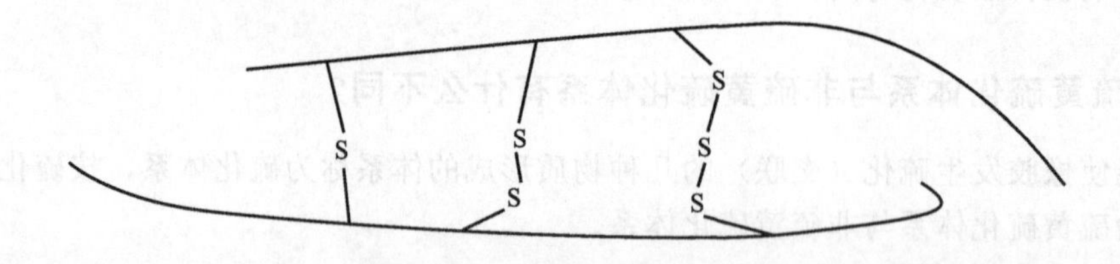

图 2.9 三种不同硫键示意

180. 如何实现普通硫黄硫化体系（CV)、有效硫黄硫化体系（EV)、半有效硫黄硫化体系（SEV）的配合?

普通硫黄硫化体系得到的硫化胶网络中 70% 以上是多硫交联键（—S_x—)。硫化胶具有良好的初始疲劳性能，室温条件下具有优良的动静态性能，最大的缺点是不耐热氧老化，硫化胶不能在较高温度下长期使用。

普通硫黄硫化体系是指二烯类橡胶的通常硫黄用量范围的硫化体系。

采用普通硫黄硫化体系（CV)，对 NR，一般促进剂的用量为 0.5～2.0 份，硫黄用量为 2.5 份。

有效硫黄硫化体系的硫化胶网络中单 S 键和双 S 键的含量占 90%以上；硫化胶具有较高的抗热氧老化性能；起始动态性能差，用于高温静态制品如密封制品、厚制品、高温快速硫化体系。

有效硫黄硫化体系（EV）一般采取的配合方式有两种：①高促低硫配合，提高促进剂用量（3～5份），降低硫黄用量（0.3～0.5份）。促进剂用量/硫黄用量=(3～5)/(0.3～0.5)。②无硫配合，即硫载体配合，如采用TMTD或DTDM(1.5～2份)。

半有效硫黄硫化体系（SEV）是为了改善硫化胶的抗热氧老化和动态疲劳性能，发展的一种促进剂和硫黄的用量介于CV和EV之间的硫化体系，所得到的硫化胶既具有适量的多硫键，又有适量的单、双硫交联键，使其既具有较好的动态性能，又有中等程度的耐热氧老化性能。用于有一定使用温度要求的动静态制品。一般采取的配合方式有两种：

① 促进剂用量/硫用量=1.0/1.0=1（或稍大于1）；

② 硫与硫载体并用。

NR的三种硫化体系经典配合见表2.2。

表2.2 NR的三种硫化体系经典配合 单位：份

配方成分	CV	EV		半-EV(SEV)	
		高促低硫	无硫配合	高促低硫	硫载体并用
S	2.5	0.5		1.5	1.5
NOBS	0.6	3.0	1.1	1.5	0.6
TMTD		0.6	1.1		
DMDT		1.1		0.6	

181. 如何实现平衡硫黄硫化体系配合?

平衡硫黄硫化体系是由S、Si-69、促进剂以等摩尔比组合的硫化体系，硫化平坦性很好，几乎没有硫化返原现象，交联密度在硫化进入平坦期后保持不变。硫化胶的物性处于稳定状态。

Si-69是具有偶联作用的硫化剂，Si-69作为硫给予体参与橡胶的硫化反应，生成交联键，所形成的交联键的化学结构与促进剂的类型有关，在NR/Si-69/CZ(DM)硫化体系中，主要生成二硫和多硫交联键；在NR/Si-69/TMTD体系中则生成以单硫交联键为主的网络结构。

因为有促进剂Si-69的硫化体系的交联速率常数比相应的硫黄硫化体系的低，所以Si-69达到正硫化的速度比硫黄硫化慢，因此在S/Si-69/促进剂等摩尔比组合的硫化体系中，因为硫的硫化返原而导致的交联密度的下降可以由Si-69生成的新的多硫或双硫交联键补偿，从而使交联密度在硫化过程中保持不变。硫化胶的物性处于稳定状态。在有白炭黑填充的胶料中，Si-69除了参与交联反应外，还与白炭黑偶联，产生填料-橡胶键，进一步改善了胶料的物理性能和工艺性能。

各种促进剂在天然橡胶中的抗硫化返原能力的顺序如下：

DM>NOBS>TMTD>DZ>CZ>D

平衡硫化体系和普通硫黄硫化体系不同之处是在较长的硫化周期内，交联密度是恒定的，因而具有优良的耐热老化性能和耐疲劳性能。

182. 为何不溶性硫黄加料温度不能高于80～90℃？

不溶性硫黄产品中一般都含少量的稳定剂，经稳定化处理后使其两端硫原子外层电子数达到8个，成为稳定结构，以抑制硫原子链断裂的速度，延缓向可溶性硫的转化。但不溶性硫黄仍然是一种亚稳态物质，有返回低分子可溶性硫（普通硫黄）的趋势。

在混炼过程中，当温度高于80～90℃时，不溶性硫黄转化为普通硫黄，所以要控制不溶性硫黄加料温度不能高于90℃。

另外，在储存期间，任何温度下胺和碱性物质都会导致不溶性硫黄转化为普通硫黄，所以，切勿将不溶性硫黄存放在释放游离胺的产品（如次磺酰胺类促进剂和硫化剂DTDM）附近。

183. 普通硫黄与不溶性硫黄有什么区别？

普通硫黄和不溶性硫黄是硫黄的两种存在形式，不溶性硫黄是普通硫黄的一种同素异形体，它是由普通硫黄斜方硫经热聚合制得的，随着温度的变化，硫黄的微观结构状态发生了变化。也可由硫化氢与二氧化硫反应制得。它是一种高分子聚合物，分子链上的硫原子数高达108以上，有高聚物的黏弹性和分子量分布，不溶于二硫化碳，故为不溶性硫黄或聚合硫。不溶性硫黄的结构与高分子聚合物结构类似，是硫原子的线型聚合体，故称为聚合硫，结构式为S_n，硫原子数$n>200$。硫黄的微观结构状态变化如下：

$$\text{斜方晶体}\xrightleftharpoons{94.5℃}\text{单斜晶体}\xrightleftharpoons[\text{熔点}]{116℃}\text{非晶体硫}\xrightleftharpoons[\text{转化点}]{159\sim160℃}\text{无定形硫}\xrightleftharpoons[\text{沸点}]{444.6℃}S_8\xrightleftharpoons{1000℃}S_n$$

固体硫黄加热熔化后在温度低于160℃时液体硫出现黏度剧变，主要是由于硫黄受热激发SR环打开，形成结构为·SSS·的两端带不饱和硫原子的链状自由基单体，此自由基单体再进行可逆的聚合反应生成长度不等的长链聚合物，该长链聚合物为不溶硫（IS），其结构式为：·S—$(S)_n$—S·，在190℃时，n值可达10，此时黏度特别大；当温度继续升高，聚合物裂解成n值较小的聚合物；当温度升高到汽化温度444.6℃时，聚合硫又都断裂回到S_8结构。

普通硫黄分子是由八个硫原子构成的八元环（S_8），有结晶和无定形两种形态。在室温、自由状态下，硫黄以结晶形态存在，把硫黄加热至熔点（116～119℃）以上时，则变成液体硫黄，即无定形硫。所以橡胶硫化时，硫黄是处于无定形状态的。

184. 不溶性硫黄不溶于什么？

不溶性硫黄的不溶性，是指不溶于二硫化碳。千万不要直接认为不溶于橡胶，在胶料中仍有一定的溶解度。它的主要特点是“三不”。

① 不易喷硫，这对高硫量的胶料如钢丝轮胎很重要。

② 不易焦烧。

③ 不溶于二硫化碳，普通硫黄易溶于二硫化碳。

185. 橡胶用的硫黄有哪些？

在橡胶工业中使用的硫黄有硫黄粉、不溶性硫黄、胶体硫黄、沉淀硫黄、升华硫黄、脱酸硫黄和不结晶硫黄等。

硫黄粉是将硫黄块粉碎筛选而得的。其粒子平均直径15～20μm，熔点114～118℃，相对密度1.96～2.07，是橡胶工业中使用最为广泛的一种硫黄。

不溶性硫黄，在胶料中不易产生早期硫化和喷硫现象，无损于胶料的黏性，从而可剔除涂浆工艺，节省汽油、清洁环境。在硫化温度下，不溶性硫黄转变为通常的硫黄以发挥它对橡胶的硫化作用。一般用于特别重要的制品，如钢丝轮胎等。

胶体硫黄是将硫黄粉或沉淀硫黄与分散剂一起在球磨机或胶体磨中研磨而制成的糊状物。其平均粒径1～3μm，沉降速度低，分散均匀，主要用于乳胶制品。

沉淀硫黄将碱金属或碱土金属的多硫化物用稀酸分解，或将硫代硫酸钠用强酸分解，或将硫化氢与二氧化硫反应均能生成沉淀硫黄。沉淀硫黄能完全溶于二硫化碳，粒子细，在胶料中的分散性高。适用于制造高级制品、胶布、胶乳薄膜制品等。

将硫黄块用曲颈蒸馏器干蒸，升华的硫黄在冷却器壁上凝结成黄色结晶粒即为升华硫黄，或将矿石在密闭釜中加热，使硫黄升华而得。纯度较高，通常含有70%的斜方硫，其余为无定形不溶性硫黄。但含有硫黄蒸气氧化生成的亚硫酸，酸价常在0.2%～0.4%，能迟延硫化。熔点为110～113℃。新制升华硫黄易在胶料中结团。

186. 含羧基的过氧化物硫化剂与不含羧基的过氧化物有何区别？

橡胶工业中常用的过氧化物硫化剂按分子结构可分为两种：含羧基的过氧化物（如过氧化二苯甲酰）；不含羧基的过氧化物（如过氧化二异丙苯）。它们之间主要性能差别是：对酸的敏感性不同，含羧基的过氧化物对酸的敏感性小，不含羧基的过氧化物对酸的敏感性大。分解温度不同，含羧基的过氧化物分解温度低，不含羧基的过氧化物分解温度高。

187. 过氧化物硫化与硫黄硫化胶料性能有何差别？

过氧化物硫化胶的网络结构为C—C键，与硫黄硫化胶的网络结构硫键（单硫键、双硫键、多硫键）相比，键能高，化学稳定性高，具有优异的抗热氧老化性能。硫化胶永久变形低，弹性好，但动态性能差，撕裂强度低，气味大，并且过氧化物易爆炸，要注意安全，价格昂贵。

188. 过氧化物硫化体系适用于哪些橡胶硫化？

过氧化物硫化体系适用于下列橡胶硫化。

① 不饱和橡胶：如 NR、BR、NBR、IR、SBR 等。

② 饱和橡胶和低不饱和橡胶：如 EPM 只能用过氧化物硫化，EPDM 既可用过氧化物硫化也可以用硫黄硫化。但 IIR 不能用过氧化物硫化。

③ 杂链橡胶：如 MVQ、部分 FPM。

189. 过氧化物硫化体系中过氧化物的用量如何确定？

部分橡胶交联效率及过氧化物用量见表 2.3。

表 2.3 部分橡胶交联效率及过氧化物用量

聚合物种类	相对交联效率	用量/(mol/100g 聚合物)
丁苯橡胶	12.5	0.005
顺丁橡胶	10.5	0.005
天然橡胶	1	0.008～0.007
丁腈橡胶	1	0.008～0.007
三元乙丙橡胶	1	0.008～0.007
聚乙烯	1	0.008～0.007
氯丁橡胶	0.5	0.01
二元乙丙橡胶[乙烯含量 65%(摩尔分数)]	0.4	0.01
二元乙丙橡胶[乙烯含量 58%(摩尔分数)]	0.34	0.01
丁基橡胶	0	—

注：交联效率即指 1mol 过氧化物能使橡胶产生交联键的物质的量。

过氧化物理论用量计算公式为（100 质量份橡胶使用过氧化物的质量份）：

过氧化物用量(理论用量)＝该过氧化物物质的量×过氧化物的摩尔质量/有效官能基数/过氧化物纯度

有效官能基数是指过氧化物中所含—O—O—基的数量。

橡胶生产中，考虑到过氧化物在参与交联的同时，会消耗于一些副反应中，因此过氧化物的用量应稍多于理论计算值。

对于交联效率高的橡胶（例如 SBR、BR 等）硫化剂，DCP（过氧化二异丙苯）的加入量为 0.5%～0.8%（摩尔分数），即 1.5～2.0 份左右，而对于 NR，一般为 2～3 份左右。

190. 用过氧化物硫化橡胶，如 EPDM、HNBR、EPDM、NBR 等时为何选用交联助剂？

EPDM、HNBR 含有极少的不饱和双键，在选择交联体系的过程中主要选择以自由基机理进行交联的过氧化物交联体系。但是单一的过氧化物交联体系存在着硫化时间长、生产效率低的弊病，并且对于橡胶的压缩永久变形性能来说，使用单一的交联体系时，虽然随着交联剂用量的增加橡胶的压缩永久变形性能都有所提高，但是当交联剂用量达到一定程度时，其压缩永久变形性能增长缓慢，并且当交联剂用量过大时，橡胶的拉伸强度、撕裂强度、伸长率等性能都会有大幅度降低。因此，为了能够更好地解决橡胶的上述问题，当前橡胶工业界除了积极研究高效的过氧化物交联剂之外，在现有的过氧化物交联体系中加入单体型活性助交联剂也是一种非常简单有效的方法。因为此类助剂一般为含多官能团的化合物，当这种单体型活性助剂加入到氢化丁腈橡胶中时，相当于向体系中引入了不饱和度。它们在自由基存在下具有较高的反应活性，这样在给定的过氧化物浓度下增加了橡胶的交联密度。由于通过自由基加成到不饱和双键上交联比夺取氢原子交联更容易和更有效，所以能产生更高的交联度。过氧化物产生刚性的C—C键，以及加入活性助交联剂产生的各种不同的交联网络，不仅能显著提高过氧化物交联体系的交联效率和硫化速率，还可以有效地改善硫化胶的力学性能、耐热老化性能、电性能以及能够很好地提高硫化胶的压缩永久变形性能。根据其对硫化速度的影响，这种常用的有机类助交联剂分为两大类：一类分子中不含烯丙基氢，如甲基丙烯酸酯和N,N'-间亚苯基双马来酰亚胺（HVA2）等，它们以加成而非氢取代参与交联反应；另一类则是含有烯丙基氰的分子。

因此，配用一定量的硫化助剂可改变交联键的键型、提高交联效率、改善胶料性能，如撕裂强度、压缩永久变形、撕裂性能和回弹性等。

过氧化物硫化体系中加入的助硫化剂有S、HVA2、TAC、TAIC、二乙烯基苯、三烷基三聚氰酸酯、不饱和羧酸盐等。常用量为：S 0.1～0.3份、TT 0.5～1.5份、TAC和TAIC 1～3份、HVA 2（PDM）1～3份等。

191. TAC和TAIC有什么区别？

共交联剂TAC（三烯丙基氰脲酸酯）和TAIC（三烯丙基异氰脲酸酯）在过氧化物硫化体系中，会使硫化的焦烧时间略为延迟，随着硫化时间的延长，助交联剂出现明显的促进交联效应。共交联剂TAC和TAIC可提高胶料硫化反应速率，起到明显的促进交联作用，提高了交联程度和胶料的抗硫化返原性和EPDM的耐高温性能。可能因为在硫化反应的初期阶段，助交联剂TAIC分子自身发生环化聚合，并与橡胶分子接枝而消耗部分橡胶分子自由基，这些自由基在无助交联剂时本应产生正常的化学交联。随着硫化时间的延长，烯丙基的双键与橡胶发生交联反应占主导地位，形成活性剂桥键，从而提高了交联效率。

两种均可在过氧化物硫化体系中作为助交联剂使用，而TAC与TAIC硫化效果的差别取决于分子活性，由于结构相似，对硫化效果的影响差别并不明显。

其实效果差不多，只是在特殊产品方面有区别；因为价格差很多，多数会选择TAIC。

192. TAIC与HVA2的区别是什么？

它们是过氧化物硫化体系的两种不同类型硫化助剂。TAIC化学名称为三烯丙基异氰脲酸酯，相比加入 N,N'-间亚苯基双马来酰亚胺（HVA 2）的硫化胶可获得更高的交联密度，压缩永久变形小。当 TAIC 的用量为 3 份左右时其硫化胶可获得较好的综合性能。

193. 过氧化物硫化胶料中如使用酸性填料（如槽法炭黑、白炭黑、陶土、高黏土）为何要加入少量碱性物质?

加入少量碱性物质，如 MgO、三乙醇胺等，可中和酸性填料酸性，避免硫化时酸性物质使自由基钝化（过氧化物硫化反应属于自由反应机理），提高交联效率；胺类和酚类防老剂也容易使自由基钝化，降低交联效率，应尽量少用。

194. 过氧化物硫化时一般硫化温度、硫化时间选定为多少?

硫化温度高于分解温度，一般选定半衰期为 1min 时所对应的温度。

半衰期：过氧化物半衰期是指一定温度下，过氧化物分解到原来浓度的一半时所需要的时间，用 $t_{1/2}$ 表示。

硫化时间一般选定在硫化温度下过氧化物半衰期的 6～10 倍。如果硫化温度选定半衰期为 1min 时所对应的温度，则其对应的硫化时间为 6～10min。

常用的有机过氧化物基本参数见表 2.4。

表 2.4 常用的有机过氧化物基本参数

名称	分子量	外观	有效官能基数	半衰期为 10h 的温度/℃	半衰期为 1min 的温度/℃	用途
过氧化二苯甲酰(BPO)	242	白色晶体	1	72	133	硅橡胶硫化剂
过氧化二异丙苯(DCP)	270	白色晶体	1	117	171	二烯类橡胶、硅橡胶、四丙氟橡胶硫化剂
2,5-二甲基-2,5-二(叔丁基过氧基)己烷(双 2,5 或 AD、DBPH)	290	淡黄液体	1	118	179	二烯类橡胶、硅橡胶、246-G 型氟橡胶硫化剂
二-(叔丁基过氧化异丙基)苯(无味 DCP)(BIPB)	338	白色晶体	1		175	

195. 过氧化物硫化体系在配合和工艺上要注意些什么?

① 含羧基的过氧化物（如过氧化二苯甲酰）特点是对酸的敏感性小，分解温度低，炭黑会严重干扰交联。

② 不含羧基的过氧化物（如过氧化二异丙苯）特点是对酸的敏感性大，分解温度高，对氧的敏感性较小。

③ 这类硫化剂交联效率通常可借助三烯丙基氰尿酸酯、三烯丙基磷酸酯及少

量硫黄提高。

④ 加入 ZnO 有助于提高耐热老化性能，硬脂酸用量宜少，用多了会降低交联效率。

⑤ 胺类、酚类防老剂会干扰交联，宜少使用。

⑥ 操作油应以石蜡油为宜，环烷油、芳香油会干扰交联反应。

196. 无味 DCP 和普通 DCP 有何差别?

无味 DCP 和普通 DCP 不是一样的硫化剂，DCP 化学名称是过氧化二异丙苯，分子量 270，CAS 号 80-43-3，因分解产物含有苯乙酮导致硫化过程产生臭味，制品中残留的苯乙酮也是一个问题。无味 DCP 化学名称是二-(叔丁基过氧化异丙基)苯，分子量 338，CAS 号 25155-25-3，其代号为 BIPB。分解温度和硫化程度都不一样，活性氧含量也是不一样的，BIPB 的分解温度和硫化程度高于 DCP，理论上 BIBP 在同等交联效果的情况下，添加量约为 DCP 的 2/3，但是试验时要大于 2/3。特别是操作过程中及制成的制品中无刺激性臭味，另外硫化出来的产品性能也存在一定的差异。

197. 双二五和 DCP 可并用吗?

可以并用，并用后有更佳的力学性能及弹性，具体量需要做几个对比实验来确定。双二五多数用在丁腈橡胶、乙丙橡胶以及硅橡胶等饱和橡胶中，一般都是在乙丙橡胶中才会用这样的并用体系，具体用量多少还要看产品的要求。同时并用些交联助剂如 TAIC、TMPTA 等。

198. 采用过氧化物硫化体系硫化，为什么会产生难闻气体? 如何减少?

DCP 与橡胶交联时，DCP 会产生分解，产物主要有甲烷（CH_4）、水（H_2O）、α-甲基-苯乙烯、枯基醇［$(CH_3)_2CHC_6H_4CH_2OH$］和苯乙酮（$CH_3CO_2C_6H_6$）。

枯基醇是不稳定的化合物，在高温下分解成 α-甲基-苯乙烯和水。由于分解物中的苯乙酮等低分子有在交联反应中会产生刺激性气味，同时由于这些分解物的存在，当冷却不够充分或加热段温度过高时，橡胶中存在的 DCP 分解物，如甲烷气体和水蒸气等在常温下会迅速膨胀而产生气孔。

DCP 分解成两个自由基：

$$C_6H_5-C(CH_3)_2-O-O-C(CH_3)_2-C_6H_5 \xrightarrow{\text{加热}} 2\,C_6H_5-C(CH_3)_2-O\cdot\text{(自由基)}$$

自由基与橡胶分子链发生自由基转移并生成枯基醇：

$$C_6H_5-C(CH_3)_2-O\cdot + \sim\sim CH_2-CH_2-CH_2\sim\sim \xrightarrow{\text{生成}} \sim\sim CH_2-\dot{C}H-CH_2\sim\sim + C_6H_5-C(CH_3)_2-OH$$

枯基醇是不稳定的化合物，在高温下会分解，有两种产物：

$$C_6H_5-C(CH_3)_2-OH \xrightarrow{加热} C_6H_5-C(CH_3)=O + CH_4$$

$$C_6H_5-C(CH_3)_2-OH \xrightarrow{加热} C_6H_5-C(CH_3)=CH_2 + H_2O$$

减少气味方法：将硫化胶在流动空气中进行二段硫化，将产生的小分子挥发；选用气味小的硫化剂，如无味 DCP、双二五等。

199. 为何有时 DCP 硫化产品发胀冷却后恢复原状？

这种情况多出现在胶料软化剂用量较多（大于 20 份含充油胶中油份，相应低挥发分含量也多）、硫化温度较低（低于 160℃）（欠硫）或很高（高于 200℃）（部分分解发气）、含胶率较低等情况。软化剂较多时会吸收钝化过氧化物产生的自由基，硫化温度较低胶料硫化时易欠硫而产生海绵状起胀，含胶率较低时单位质量或体积胶料中硫化剂含量较小，产生交联密度不足也会起胀。硫化温度很高，过氧化物分解物和胶料中水分、挥发分易形成占有体积。胶料冷却后气孔中气体冷却收缩。

200. 什么情况下 HVA 2 可以作抗硫化返原剂、黏合助剂、交联助剂，也可以作交联剂？

HVA 2 化学名称是 *N*,*N*′-间亚苯基双马来酰亚胺，别名有 HA-8、HVA-Ⅱ、PDM，HVA 2 作为多功能橡胶助剂，在橡胶加工过程中既可作硫化剂，也可作过氧化物体系的助硫化剂，还可以作为防焦剂，既适用于通用橡胶，也适用于特种橡胶和橡塑并用体系。

在天然橡胶中，与硫黄配合，能防止硫化返原，改善耐热性，降低生热，耐老化，提高橡胶与帘子线的黏合力和硫化胶模量。用于载量轮胎肩胶、缓冲层中，可解决斜交载重轮胎肩空难题，也可用于天然橡胶的大规格厚制品以及各种橡胶杂品。在氯丁橡胶、氯磺化聚乙烯橡胶、丁苯橡胶、丁腈橡胶、异戊二烯橡胶、丁基橡胶、溴化丁基橡胶、丙烯酸酯橡胶、硅橡胶和橡塑并用胶中，作为辅助硫化剂，能显著改善交联性能，提高耐热性，适用于高温硫化体系，降低永久变形十分明显，还能减少过氧化物的用量，防止胶料在加工过程中的焦烧，提高胶料和帘子线及金属的黏合强度。

HVA 2 属无硫硫化剂，用于电缆橡胶，可代替噻唑类、秋兰姆等所有含硫硫化剂，解决了铜导线和铜电器因接触含硫硫化剂生成硫化铜而污染发黑的难题。

作为防焦剂，用量为 0.5～1.0 份；作为硫化剂用量，为 2～3 份；改善压缩变形，用量为 1.5 份；提高黏合强度，用量为 0.5～5.0 份。

201. 在过氧化物硫化体系中到底加不加硬脂酸和氧化锌?

多数认为氧化锌与硬脂酸的活化作用只限于硫黄硫化体系。但也可用到过氧化物中，特别是氧化锌，也是活性剂。使用氧化锌时，胶料的硫化程度加深，能使体系硫化得更加充分，压缩永久变形较小，耐热性提高。不同的胶种其反应是不同的。

对二烯类橡胶（NR、SBR、NBR）采用过氧化物硫化体系，在不用氧化锌的硫化胶中使用DCP的结果与用氧化锌的秋兰姆类的硫化胶相比，往往拉伸强度、撕裂强度比较低，耐磨性较差，定伸应力低，硫化胶的耐高温性也降低。如果加入适量的氧化锌可提高硫化胶的交联。这样便可取得和相应秋兰姆类硫化胶同等高的或稍高一些的定伸应力，而且耐热空气老化性能也往往好一些，表现为高温下有优良的力学性能。

对于饱和橡胶和低不饱和橡胶，硬脂酸和氧化锌在不同胶种中所起的作用不完全相同，比如EPDM，曾有人试验过，不加氧化锌的材料表面有明显的欠硫感，指甲痕和折叠痕迹明显，加了氧化锌后改善很多。一般都配5份左右氧化锌和一定量硬脂酸，使用氧化锌时胶料硫化程度较深，压缩变形小，耐热性好，硬脂酸的使用并不一定必需，仅起加工助剂作用。因此在乙丙橡胶的过氧化物硫化体系，最好加点氧化锌，一般5份，也可用2～3份纳米活性氧化锌。而在硫化氯化聚乙烯（CPE）时只能使用氧化镁，氧化锌会加速老化。硬脂酸则是氯化聚乙烯（CPE）的良好润滑剂。对于硅橡胶加不加都影响不大。

过氧化物硫化体系中，氧化锌的活化作用如下。首先硫化都是在高温状态，这是一个很复杂的反应过程（符合有机反应的特点），反应中会产生很多低分子或者自由基。其次，氧化锌是活性较高的物质，它能够和羟基、羧基、巯基等基团以化学键形式结合，这样就加剧了这些反应向正方向进行，起到了促进剂的作用。这个促进剂不是完全针对硫黄硫化体系，对其他体系也有作用，只是对影响硫化速度的关键反应步骤作用大小不一样而已。再则，氧化锌最后和一些游离的小分子结合形成大分子，同时赋予这些大分子一些活性化学键，这些化学键又能和橡胶形成较弱的氢氢键，加上增加了相互缠绕穿透的物理吸附作用，所以加氧化锌后会感觉性能有一定的改善。

硬脂酸作为一种廉价的分散剂、流动剂，用量少时（1份以下），对过氧化物硫化几乎不起作用，硬脂酸对填料的分散起一定的作用，能使填料更好地分散，能减少混炼时粘辊现象，可以改善工艺性能，配用少量SA可促进ZnO的溶解，但用量多时（3～5份以上），会影响过氧化物硫化，往往能减少交联键，所以用量一定要控制好。

氧化锌本身就能补强，并且是金属氧化物，耐热性好，能提高胶料的综合性能。加氧化锌能改善胶料的耐热性（不如氧化镁，用量少时效果不明显，只有加到10～15份以上，提高耐热效果才是比较明显的），改善导热性（同样用量少时效果不明显，只有加到15～20份以上才有明显的效果）。在硫化程度较高的过氧化物体系中，如果不加ZnO热撕裂会很差，产品不易脱模，所以加入ZnO对热撕裂是有好处的。不用氧化锌时，由于各种过氧化物的分解产物能在橡胶中溶解，故可制造透明度特别高的硫化胶。

202. 金属氧化物硫化剂、胺类硫化剂主要能硫化哪些橡胶？

（1）金属氧化物硫化剂

金属氧化物硫化剂主要能硫化的橡胶有：氯丁橡胶、氯磺化聚乙烯橡胶、氯醚橡胶、聚硫橡胶等。常用的金属氧化物硫化剂品种有氧化锌、氧化镁、氧化钙、氧化铅等。

（2）胺类硫化剂

胺类硫化剂主要用作氟橡胶、丙烯酸酯橡胶和聚氨基甲酸酯橡胶的交联剂，也用作合成橡胶改性剂以及天然橡胶、丁基橡胶、异戊橡胶、丁苯橡胶的硫化活性剂。胺类硫化剂有三亚乙基四胺、四亚乙基五胺、己二胺、亚甲基双邻氯苯胺、六亚甲基二胺氨基甲酸盐、间-亚苯基双马来酰亚胺等。

203. 促进剂的作用是什么？

促进剂的作用主要通过对硫化剂的作用来实现。

① 缩短硫化时间，提高生产效率。

② 降低硫化温度，降低能耗。

③ 减少硫化剂用量。

④ 提高和改善硫化胶物理机械性能和化学稳定性，提高产品质量。

204. 促进剂按化学结构分哪几种？

主要有八类：噻唑类（如 M、DM、MZ 等）；次磺酰胺类（如 CZ、NOBS、DZ、NS 等）；秋兰姆类（如 TMTD、TMTM、TRA 等）；硫脲类（如 NA-22 等）；二硫代氨基甲酸盐类（如 ZDMC、ZDC 等）；醛胺类（如 H 等）；胍类（如 D 等）；黄原酸盐类（如 ZIX 等）等。

205. 促进剂按硫化速度分哪几种？

主要有五类：慢速促进剂，如醛胺类促进剂（如 H 等）；中速促进剂，如胍类促进剂（如 D 等）；准速促进剂，如次磺酰胺、噻唑类促进剂（如 M、DM、CZ、NOBS、NS 等）；超速促进剂，如秋兰姆类促进剂（如 TT、TMTM、TRA 等）；超超速促进剂，如黄原酸盐类、二硫代氨基甲酸盐类促进剂（如 PZ、PX、ZDC 等）。

206. 促进剂按酸碱性分哪几种？

分为三类：中性促进剂 N，如次磺酰胺促进剂（CZ、NOBS）；酸性促进剂 A，如噻唑类、黄原酸盐类、二硫代氨基甲酸盐类、秋兰姆类促进剂（TT、PX、M）；

碱性促进剂 B，如胍类、醛胺类促进剂（D）。

207. 部分促进剂相互用量代用的经验关系是什么？

常用的促进剂相互用量代用的经验关系如表 2.5 所示。

表 2.5 常用的促进剂相互用量代用的经验关系

序号	促进剂用量		可代换的促进剂用量	
	品种	用量	品种	用量
1	DM	1	CZ	0.5～0.61
2	DM	1	M	0.52～0.8
3	DM	1	NOBS	0.63～0.69
4	DM	1	TMTD	0.08～0.1
5	NOBS	1	D	1.43～1.6
6	NOBS	1	TMTD	0.18
7	NOBS	1	M	0.7～0.75
8	CZ	1	NOBS	1.2～1.36

208. 什么是促进剂的后效性？

后效性是促进剂的一种硫化特性，主要表现为硫化起点缓慢，焦烧时间（T_{10}）长；而进入硫化期硫化活性大、热硫化期短，硫化速度快（T_{90}短）；并有较好的平坦性，如图 2.10 所示。这样在保证提高胶料硫化效率下，胶料安全性好，胶料有足够的流动时间。

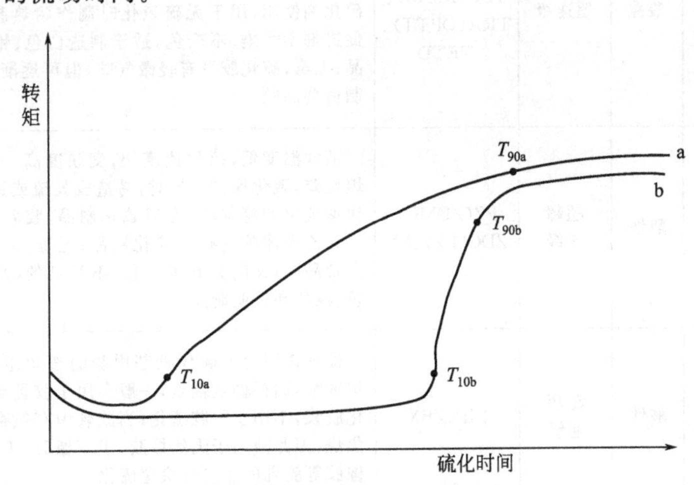

图 2.10 促进剂的后效性

a——一般硫化曲线；b—后效应硫化曲线

（起硫慢 $T_{10b}>T_{10a}$）（硫速快 $T_{90b}<T_{90a}$）[热硫化速度快$(T_{90b}-T_{10b})<(T_{90a}-T_{10a})$]

209. 各种类型促进剂的特性是什么？

八类促进剂的基本特性见表2.6。

表2.6 八类促进剂的基本特性

序号	促进剂类型	属性		典型促进剂	主要特性
		酸碱性	硫化速率		
1	噻唑类	酸性	准速级	M、DM、MZ	最重要的通用促进剂之一。硫化特性较好，焦烧时间中等长短，硫化速度快，硫化平坦性好；硫化胶具有较好的综合物理机械性能，具有较高的拉伸强度和扯断伸长率，中等的定伸应力和硬度，良好的耐磨性和耐老化性，较小的压缩永久变形等；噻唑类促进剂无污染，适用于制造白色、浅色和透明橡胶制品；有苦味，不适于用作食品胶
2	次磺酰胺类	中性	准速级	CZ、NOBS、NS	最重要的通用促进剂之一。具有独特的后效性。具有优异的硫化特性，焦烧时间长，硫化速度快，硫化平坦期长，适用于合成橡胶的高温快速硫化和厚制品的硫化；硫化胶综合性能较好，硫化胶拉伸强度、定伸应力较高，弹性、耐磨性、耐老化性较好，动态性能较好；促进剂的硫化活性大，用量可降低，在白色胶料中仅为促进剂M的70%，炭黑胶料中为促进剂M的50%～60%；硫化胶在阳光下发黄的程度较促进剂M和DM大，不适于制造纯白色制品，使用过程中制品产生微胺味和苦味，不适于制造食品胶
3	秋兰姆类	酸性	超速级	TT(TMTD)、TS(TMTM)、TRA(DPTT)、TETD	焦烧时间短，硫化速度快，硫化曲线不平坦、硫化度高，一般不单独使用，而与噻唑类、次磺酰胺类并用；秋兰姆类促进剂中的硫原子数大于或等于2时，可以作硫化剂使用，用于无硫硫化时制作耐热胶种。秋兰姆促进剂不污染、不变色，适于制造白色、艳色及透明制品；无毒，硫化胶虽有轻微气味，但可逐渐消失，可用于制造食品胶
4	二硫代氨基甲酸盐类	酸性	超超速级	PZ(ZDMC)ZDC(EZ)、PX	活性温度低，硫化速度快，交联度高。但易焦烧，平坦性差，硫化操作不当时，易造成欠硫或过硫。适用于快速硫化的薄制品，室温硫化制品，胶乳制品及丁基、三元乙丙橡胶的硫黄硫化制品；无毒、无味，可用于制造食品胶，又因具有不变色、不污染的特点，可制造白色、浅色和透明制品
5	黄原酸盐类	酸性	超超速级	ZIP、ZBX	促进作用比二硫代氨基甲酸的铵盐还要快，硫化平坦区窄，储存稳定性差，一般多用于胶乳制品和低温硫化胶浆，不用于干胶硫化；当胶乳中有氨存在时不发生焦烧，因此被用于天然橡胶、丁苯橡胶、丁腈橡胶、氯丁橡胶等胶乳的热空气快速硫化
6	醛胺类	弱碱	慢速级	H、808(A-32)	促进速度慢，无焦烧危险。一般与其他促进剂如噻唑类等并用，也常用于厚壁制品的硫化

续表

序号	促进剂类型	属性		典型促进剂	主要特性
		酸碱性	硫化速率		
7	胍类	碱性	中速	D(DPG)、DOTG、BG	单独使用胍类促进剂时，硫化起步较迟，操作安全性大，混炼胶的储存稳定性好，但硫化速度慢(要比次磺酰胺促进剂慢一倍)；胍类促进剂硫化胶的硫化度高，使得硬度高，定伸应力高；硫化胶中存在大量的多硫键和较多的环化物，使硫化胶的耐热老化性差、易龟裂、压缩变形大；胍类促进剂具有变色性和污染性，不适于白色制品；胍类促进剂一般不单独使用，与噻唑类、次磺酰胺类等促进剂并用
8	硫脲类	中性	慢速	NA-22、DBTV	促进效力低且抗焦烧性能差，二烯类橡胶已很少使用。但在某些特殊情况下，如用秋兰姆二硫化物或多硫化物等硫黄给予体作硫化剂时，它具有活性剂的作用；硫脲类促进剂几乎为氯丁橡胶专用促进剂，可制得拉伸强度、定伸应力、压缩永久变形等性能良好的硫化胶

210. 促进剂 M 与 DM 有什么不同?

二者均为噻唑类促进剂，为酸性准速类，DM 由 2 个 M 分子聚合而成。M (MBT) 为淡黄色粉末、微臭、有苦味；DM (MBTS) 为淡黄色粉末，色调比 M 淡，微有苦味。与 M 相比 DM 硫化温度较高、硫化速度较慢、平坦性较好、不易焦烧、有一定的后效性，定伸应力高，操作较安全。反过来讲 M 硫化反应速度要快，即焦烧时间短，硫化平坦性差。促进剂 DM 与促进剂 M 在一定程度上是可以替用的。

在天然橡胶中二者均有增塑效果，可作为天然橡胶塑解剂。在较低温度下 M 增塑效果高于 DM，但随着温度的升高，DM 增塑效果高于 M。促进剂 M 胶料的拉伸强度、定伸应力、抗撕裂性、弹性略低于 DM 胶料，而耐热老化性比 DM 好。

211. 促进剂 CZ、NOBS、NS 之间有何区别?

它们都是后效性（迟效性）次磺酰胺类促进剂。

CZ (CBS) 化学名称为 *N*-环己基-2-苯并噻唑次磺酰胺，类白色或米色粉末(灰白色或淡黄色粉末)，是一种高活性、后效性次磺酰胺类促进剂，储存稳定，兼有良好的抗焦烧和较快的硫化速度，变色轻微，不易喷霜，硫化胶耐老化性优良。

NOBS (MBS、MOR、MOZ、OBS) 化学名称为 *N*-氧二亚乙基-2-苯并噻唑次磺酰胺，淡黄色小颗粒或粉末，是一种后效性比 CZ 更明显的促进剂，特别适合用于碱性炉黑的天然橡胶和合成橡胶，能提高橡胶制品的物理及老化性能。本品不符合环保要求。

NS (TBBS、BBS) 化学名称为 *N*-叔丁基-2-苯并噻唑次磺酰胺，工业品为浅黄色或黄褐色粉末，用作天然橡胶、二烯类合成橡胶的后效性硫化促进剂，硫化速度与CBS相同，但迟效性比CBS大，其性能与用法和CZ相似。在天然橡胶中迟效性更大，变色，有轻微污染。

在天然橡胶中次磺酰胺类促进剂主要品种的硫化曲线如图2.11所示，其硫化活性比较如下：

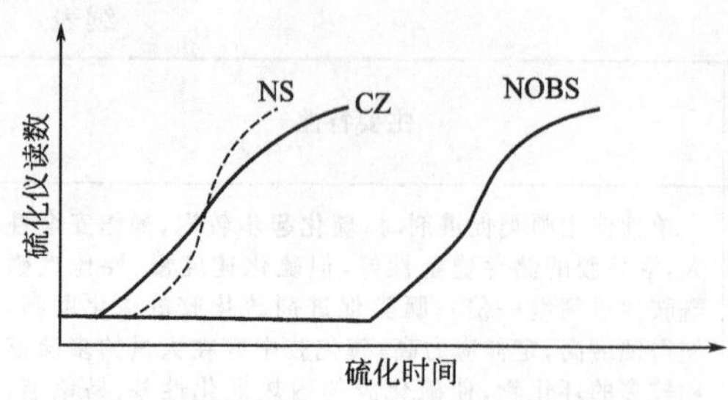

图2.11 促进剂CZ、NS、NOBS硫化曲线

焦烧时间，CZ、NS<NOBS；

硫化速度，NS、CZ>NOBS。

212. TT、TS、TRA之间有何差别？

促进剂TMTD（TT、TMT）化学名称为二硫化四甲基秋兰姆，白色或灰白色粉末，无味，对呼吸道、皮肤有刺激性作用，可用作天然胶、合成胶及乳胶的超促进剂。加热至100℃以上，即徐徐分解出游离硫，故也可作硫化剂。本品是噻唑类促进剂的优良第二促进剂，亦可与其他促进剂并用，作连续硫化胶料的促进剂。

促进剂TMTM（TS）化学名称为一硫化四甲基秋兰姆，淡黄色或黄色粉末，橡胶用超速促进剂，不变色、不污染。焦烧性比TT好，但活性较TT低。

促进剂DPTT（TRA）化学名称为四（六）硫化双五亚甲基秋兰姆，淡黄色粉末，无味，用作天然橡胶、丁苯橡胶、丁腈橡胶、氯丁橡胶、氯磺化聚乙烯橡胶促进剂，亦可作硫化剂，本品也可用于乳胶。

213. 如何设计促进剂使其并用后互为活化效应？

实现促进剂并用后互为活化效应有两种方式。

第1种配合选择酸性促进剂与碱性促进剂并用（A/B并用），并以酸性促进剂为主促进剂（第一促进剂），碱性促进剂为辅促进剂（第二促进剂），并用后促进效果比单独使用A型或B型都好。一般采用噻唑类作主促进剂，胍类（D）或醛胺类（H）作辅促进剂。经典配合有M/D、DM/D、M/DM/D，M、DM总用量控制在1.0～2.0份，D用量0.1～0.5份。这种配合促进剂用量少、促进剂的活性高，硫化温度低、硫化时间短，硫化胶的性能（拉伸强度、定伸应力、耐磨性）好。克服单独使用D时老化性能差、制品龟裂的缺点。

第2种配合选择中性促进剂与酸性或碱性促进剂并用（N/A、N/B），并以中性促进剂为主促进剂，酸性或碱性促进剂为辅促进剂，A/B型并用体系称为互为活化型，活化噻唑类硫化体系，常用的A/B体系采用A/B并用体系制备相同机械强度的硫化胶时，中性促进剂为次磺酰胺类，酸性促进剂为秋兰姆类，碱性促进剂为胍类，提高次磺酰胺的硫化活性，加快硫化速度。并用后体系的焦烧时间比单用次磺酰胺短，但比DM/D体系焦烧时间仍长得多，且成本低，缺点是硫化平坦性差。经典配合有CZ/TT、CZ/TS、CZ/D、NOBS/D，主促进剂总用量控制在0.7～1.8份，辅促进剂用量0.1～0.3份。

214. 如何从促进剂配合上改善超速或超超速级促进剂胶料的焦烧性能？

要实现延长超速或超超速级促进剂胶料的焦烧时间，除了调整促进剂品种、降低促进剂用量、降低硫化温度和存放温度及时间、配用酸性填料外，也可以通过促进剂并用来实现，选用促进剂A/A并用，形成相互抑制型。主促进剂一般为酸性超速或超超速级如秋兰姆类、二硫代氨基甲酸盐类、黄原酸盐类，焦烧时间短；另一酸性辅助促进剂能起抑制作用，一般为噻唑类促进剂，改善主促进剂的焦烧性能，主要作用是降低体系的促进活性。但在硫化温度下，仍可充分发挥快速硫化作用。如ZDC单用时，焦烧时间为3.5min，若用ZDC与M并用，焦烧时间可延长到8.5min。与A/B并用体系相比，A/A并用体系的硫化胶的拉伸强度低，伸长率高，多适用于快速硫化体系。

215. 目前常用促进剂中哪些不符合环保要求？可用代替品是什么？

(1) NOBS（*N*-吗啉基-2-苯并噻唑次磺酰胺）和DIBS（*N*,*N*-二异丙基-2-苯并噻唑次磺酰胺）

DZ虽然也是仲胺结构，但不在法规限制范围内，仍可安全使用。由于CZ和NS比NOBS硫化速度快，所以在多数应用中可用CZ＋防焦剂CTP或NS＋CTP代替NOBS，以满足焦烧安全期的需要。

TBSI［*N*-叔丁基-双(2-苯并噻唑)次磺酰亚胺］无亚硝胺，焦烧期较长，并能改善硫化橡胶的抗返原性，在热和潮湿条件下的存放稳定性突出。NS和TBSI混合物与NOBS的硫化性能特征相匹配。在钢丝贴合胶料中，TBSI与NOBS和DZ的性能相当。康普顿公司的促进剂CBBS（环己基-双苯并噻唑次磺酰亚胺）价格比TBSI低，可以替代TBSI。

(2) TMTD（四甲基秋兰姆二硫化物）、TMTM（四甲基秋兰姆一硫化物）、PZ（二甲基二硫代氨基甲酸锌）等。

TBzTD（四苄基秋兰姆二硫化物）可以替代TMTD，并且焦烧时间更长，适用于天然橡胶、丁苯橡胶、丁腈橡胶和三元乙丙橡胶。

在绿色轮胎生产中，在次磺酰胺硫化体系中添加少量（0.1%～0.2%）TBzTD就能提高硫化速度而不损害焦烧特性。

在NA-22（亚乙基硫脲）硫化的氯丁橡胶中，TBzTD用作防焦剂，不会影响硫化速度。

ZBEC（二苄基二硫代氨基甲酸锌）可以替代PZ、EZ等品种。在所有的二硫代氨基甲酸锌盐类促进剂中，ZBEC具有最长的抗焦烧时间，在乳胶中具有极好的抗早期硫化作用。在轮胎胶料中 ZBEC 也可作辅助促进剂替代 TMTM。莱茵化学公司生产无亚硝胺的 Rhenocure 系列复配促进剂，为 75%～80%促进剂在 EPDM/EVA 中的预分散体，是颗粒状产品，其分 AP1～AP7 系列产品。莱茵化学等公司也推出了亚硝胺抑制剂，在不改变原来配方的情况下减少亚硝胺的生成数量。这些助剂的主要化学组分是维生素 C、维生素 E、二氨基二异氰酸锌、碱土金属氧化物等。

(3) 亚乙基硫脲 (NA-22)

亚乙基硫脲 (NA-22) 是氯丁橡胶的硫化剂，也能提高三元乙丙橡胶的硫化速度，但发现有致癌嫌疑，关于其替代品的研究非常多，市场上已经销售的新型安全替代品有 Vulkacit CRV (3-甲基噻唑烷硫酮-2)、Robac70 (2-甲基硫代氨基甲酰-2-咪唑亚甲基硫酮)。近年研究表明促进剂 CA (二苯基硫脲) 符合美国和德国的要求，虽会引起皮肤刺激过敏，但没有致癌作用。

216. 新型高性能促进剂有哪些特性？

普通硫化体系的硫黄用量较大，促进剂用量较少，主要通过多硫交联键来交联橡胶，所得硫化橡胶的耐疲劳性和抗撕裂性能良好。但是，多硫键受热易发生不可逆热分解和重排，这会导致交联密度下降，使得硫化橡胶物理性能不断恶化，即返原。可以通过使用半有效或有效硫化体系，即较多促进剂、较少硫黄，也就是主要通过单硫或双硫键交联橡胶，这样虽然可以抑制硫化返原，但会导致耐疲劳和抗撕裂性能下降。为此，需要加入抗硫化返原剂，既能抗返原，又不影响硫化橡胶的其他性能。

富莱克斯公司的抗硫化返原剂 Perkalink 900 的化学名称为 1,3-双 (柠康酰亚胺甲基) 苯 (BCI-MX)，是世界上第一个以抗硫化返原剂名称销售的产品。BCI-MX 在胶料的硫化起始阶段不起反应，当发生返原、硫黄交联键受到破坏时，通过热稳定的 C—C 交联来补偿，即“交联补偿机理”。在普通硫化体系中加入 BCI-MX 后，比普通硫化体系的抗返原性好；过硫化后具有生热低、定伸应力保持率高、耐疲劳性好、抗爆破性显著提高等优点。过硫化后的性能尤其能表征硫化橡胶的使用性能。

富莱克斯公司的后硫化稳定剂 Duralink HTS 化学名称为六亚甲基-1,6-双硫代硫酸钠二水合物。HTS 用于以硫黄为主体的普通或半有效硫化体系，在硫化过程中，HTS 插入多硫键中形成既有硫又有碳的多硫混杂交联键，当橡胶在后硫化或使用过程中受热时，上面的多硫混杂交联键逐渐地脱硫，形成单硫混杂交联键。这种单硫混杂交联键的形成，抑制了返原，增加了抵抗因为过硫化、高温硫化和无氧老化而导致的交联密度改变的能力。这样就能减少与返原相关的物理和动态性能的破坏。同时，由于混杂交联键比普通单硫键具有更大的柔顺性，就使得含 HTS 的胶料保持良好的动态性能，如撕裂强度和疲劳寿命。最大优点是非污染性，可以替代对苯二胺类防老剂。

富莱克斯公司的防老剂 QDI 化学名称为 N-二甲基丁基-N'-苯基对醌二亚胺，由相应的对苯二胺类防老剂氧化反应而制得。主要用作长效防老剂，起着键合型防老剂和扩散型抗臭氧剂的双重功效；也能起到塑解剂的作用，既可降低胶料的黏度，减少混炼费用，又可防止天然橡胶在混炼过程中发生氧化降解，所以硫化胶的性能很少或不受影响。另外，在有氧环境中，当胶料使用 QDI 作防老剂时，比防老剂 4020 能减轻硫化返原现象。

富莱克斯公司开发出的 6PPD-C18 是防老剂 4020 和硬脂酸的复合盐。它比传统防老剂（如 4010NA、4020）的迁移速度慢，使胶料物理性能和动态性能保持率更高；另外在轮胎胎侧中的应用，可赋予胎侧良好的外观。

新型硅烷偶联剂 NXT 的化学名称为 3-辛酰基硫代-1-丙基三乙氧基硅烷，辛酰基封闭了分子中的巯基硅烷部分，使得加工过程中硅烷分子与橡胶的反应活性降低。这种封闭有利于高温混炼，避免发生早期硫化和黏度增大，改善焦烧安全性。

217. 为什么硫黄硫化体系基本采用氧化锌和硬脂酸并用作为活性体系？

凡能增加促进剂的活性，提高硫化速度和硫化效率（即增加交联键的数量，降低交联键中的平均硫原子数），改善硫化胶性能的化学物质都称为硫化活性剂（简称活性剂，也称助促进剂）。活性剂的作用：提高促进剂的活性，提高生产效率。

活性剂的种类很多，有无机活性剂和有机活性剂。无机活性剂有金属氧化物（氧化锌、氧化镁、氧化铅、氧化钙等）、金属氢氧化物（氢氧化钙等）、碱式碳酸盐（碱式碳酸锌、碱式碳酸铅等）等。有机活性剂有脂肪酸类（硬脂酸、软脂酸、油酸、月桂酸等）、皂类（硬脂酸锌、油酸铅等）、胺类（二苄基胺等）、多元醇类（二甘醇、三甘醇等）、氨基醇类（乙醇胺、二乙醇胺、三乙醇胺等）。

依据目前公认橡胶硫黄硫化原理，由于氧化锌不溶于橡胶，故单独使用时其活性作用不能充分发挥，橡胶硫化过程首先是氧化锌和硬脂酸反应生成能溶于橡胶的锌皂（硬脂酸和锌的络合体）（硬脂酸锌），硬脂酸锌再与促进剂作用，提高促进剂活性，从而提高硫化效率。因而需要氧化锌和硬脂酸同时存在，或者直接加入硬脂酸锌。

此外，硬脂酸还对橡胶分子双键起酸性活化作用，从而加速交联键的生成。在非炭黑补强胶料中，加入多元醇类、氨基醇类活性剂，以减弱白炭黑、陶土等非炭黑补强剂对促进剂的吸附，从而充分发挥促进剂的效能。

218. 氧化锌在橡胶中可起哪些作用？

氧化锌在橡胶中可起下列作用。

① 硫化剂：氧化锌作为硫化剂主要用于 CR、CIIR、CSM、XNBR、CO、T 等橡胶，尤其是 CR 和 CIIR。

② 活性剂：氧化锌是最重要、应用最广泛的无机活性剂，能加快硫化速度又能提高硫化程度。单独使用时其活性作用不能充分发挥，必须与硬脂酸并用。

③ 补强剂：氧化锌还具有补强作用，是较典型的无机补强金属氧化物。

④ 着色剂：作为白色着色剂时，氧化锌又称为锌白，其用量在 3 份以上，就可见其着色效果，但不如钛白粉。

⑤ 导热剂：当用量超过 5 份时，可增加胶料导热性，一般用量为 7～15 份，但要求氧化锌纯度很高。这对热空气硫化和厚制品硫化非常有利，对工作时生热较大需要及时散热的产品（如 V 带）很重要。

⑥ 促进剂：是一种常见无机促进剂，主要用于硬质橡胶的硫化。

⑦ 耐热剂：可提高丁腈橡胶和氢化丁腈橡胶的耐热性。

⑧ 发泡助剂：如可用作发泡剂 AC 的助剂，提高发泡效果。

⑨ 增硬剂：对胶料产生明显的增硬倾向（细粒子氧化锌尤为显著），从而可用于提高压出制品及无模硫化制品的形状稳定性。

219. 普通氧化锌、活性氧化锌、纳米氧化锌、透明氧化锌（碳酸锌）各有何特点？

（1）普通氧化锌

普通氧化锌包括直接法氧化锌、间接法氧化锌和湿法氧化锌。其中直接法氧化锌占 10%～20%，间接法氧化锌占 70%～80%，而湿法氧化锌只占 1%～2%。

普通氧化锌为白色粉末或六角晶系结晶体，无臭无味，受热变为黄色，冷却后又变为白色。普通氧化锌的遮盖力比铅白小，是二氧化钛和硫化锌的一半，着色力是碱式碳酸锌的 2 倍。

（2）活性氧化锌

活性氧化锌具有更高活性，呈白色或微黄色球状微细粉末，密度 5.47g/cm^3，熔点 1800℃，不溶于水，溶于酸、碱、氯化铵和氨水中。在潮湿空气中能吸收空气中二氧化碳生成碱式碳酸锌。其最大特征是比间接法氧化锌和直接法氧化锌有更大的比表面积，在应用中具有更高的活性和良好的分散性。

活性氧化锌（ZnO）用量为 3～10 份。活性氧化锌替代纳米氧化锌，用量在 60%～80%不等，硫化体系需稍微加强。

活性氧化锌与工业级普通氧化锌的主要差别在于活性氧化锌颗粒更细，活性更高。普通氧化锌粒度为 0.5μm，呈粒状、棒状，比表面积为 1～5m^2/g，而活性氧化锌粒度为 0.05μm，呈球状，比表面积为 35～45m^2/g。

特点：

① 由于活性氧化锌粒度小、表面积大，所以有非常强的活性。

② 不断加入活性氧化锌能提高交联度和硫化产品的力学性能。此外，还能提高模量、抗撕裂性和抗摩擦性。

③ 由于微粒聚合后形成多孔，因而有很好的分散性。

④ 含有活性氧化锌的硫化产品抗老化，弯曲不易出现裂缝。

⑤ 活性氧化锌并不影响硫化产品的颜色，事实上能让象牙色或浅色的橡胶产

品抵抗强烈日照。

⑥ 由于活性氧化锌的折射率与天然橡胶相近，故能让硫化产品的颜色更清澈透明。

⑦ 能减少混合成本，提高化学反应效率。

应用：在硫化反应和过氧化氢漂白过程中作为催化剂使用并适用于混合所有类型的产品和各种硫化方式。适用于 NR、IR、BR、SBR、NBR、IIR、CR 和 EPDM 类型的橡胶。适用于混合含有磺胺类的物质和混合在热空气中硫化的产品，其他应用还包括生产透明和超弹力的硫化产品。另一个重要应用是生产橡胶类产品，如鞋、皮带、球、玩具、泡沫橡胶（浅色橡胶产品）、自行车轮胎和透明橡胶产品。

(3) 纳米氧化锌

纳米氧化锌（ZnO）是指粒径为 1～100nm 的氧化锌材料，纳米氧化锌是由极细晶粒组成、特征维度尺寸在纳米数量级（1～100nm）的无机粉体材料，与一般尺寸的氧化锌相比，纳米尺寸的氧化锌具有小尺寸效应、表面与界面效应、量子尺寸效应、宏观量子隧道效应等，因而它具有许多独特的或更优越的性能，如无毒性、非迁移性、荧光性、压电性、吸收散射紫外能力等。这些特性的存在进一步推广了氧化锌的应用，例如用作气体传感器、变阻器、紫外屏蔽材料、高效光催化剂等。在橡胶工业中，纳米氧化锌是一种重要的无机活性材料，其不仅可以降低普通氧化锌的用量，还可以提高橡胶制品的耐磨性和抗老化能力，延长使用寿命，加快硫化速度，使反应温度变宽，在不改变原有工艺的条件下，橡胶制品的外观平整度、光洁度、机械强度、耐磨性、耐温性、耐老化程度等性能指标均得到显著提高。纳米氧化锌能大大提高涂料产品的遮盖力和着色力，还可提高涂料的其他各项指标，并可应用于制备功能性纳米涂料。

在橡胶行业中，特别是透明橡胶制品生产中，纳米氧化锌是极好的硫化活性剂。由于纳米氧化锌可与橡胶分子实现分子水平上的结合，因而能提高胶料性能，改善成品特性。以子午线轮胎和其他橡胶制品为例，使用纳米氧化锌可显著提高产品的导热性能、耐磨性能、抗撕裂性能、拉伸强度等指标，并且其用量可节省 35%～50%，大大降低了产品成本；在加工工艺上，能延长胶料焦烧时间，对加工工艺极为有利。纳米氧化锌用于橡胶鞋、雨靴、橡胶手套等劳保制品中，可以大大延长制品的使用寿命，并可改善它们的外观及色泽，其用于透明或有色橡胶制品中，有着传统活性剂不可替代的作用。纳米氧化锌用于密封胶、密封垫等制品中，对于改善产品的耐磨性和密封效果也有着良好的作用。

(4) 透明氧化锌（碳酸锌）

透明氧化锌即碳酸锌，碳酸锌是一种无机碳酸盐，分子式为 $ZnCO_3$，分子量为 125.38，由锌盐溶液和碳酸氢钠作用制得。白色粉末，相对密度 3.5～4.4，不溶于水，溶于酸、碱溶液，有效储存期可达 2 年以上。主要作为制造陶瓷和锌钡白（立德粉）的原料。因其折射率和橡胶接近，在橡胶加工中专用于透明橡胶制品。

另外，应用于橡胶还具有以下优点。

① 增大胶料的热导率，提高其导热性和硫化速度，特别适合于热空气硫化工艺。

② 能提高半成品在硫化过程中的形状稳定性，适合于无模产品（例如许多采用连续硫化工艺的挤出制品）。

220. 直接法氧化锌与间接法氧化锌有什么不同?

直接法氧化锌与间接法氧化锌是普通氧化锌的两大主要品种，它们之间不同点如下。

直接法也称“韦氏炉”法，因首先出现在美国，又称“美国法”。直接法生产氧化锌，优点是成本较低，热效率高。含锌的原料在1000～1200℃下，被含碳物质（主要是煤）还原。锌原料的含锌质量分数在60%～70%。

直接法生产的氧化锌为针状结构，是工业等级氧化锌。直接法氧化锌因含有未能完全分离的杂质，白度也较差，但价格较低。

间接法出现于19世纪中叶，法国使用金属锌在高温汽化，并使锌蒸气氧化燃烧，而收集到氧化锌粉末，因此也称为“法国法”。工业上，间接法生产氧化锌是先将锌块在高温下熔融而蒸发成锌蒸气，进而氧化生成氧化锌，产品晶型及物理性能与氧化的条件有关，而产品的纯度与所用的锌块纯度有关。

间接法生产的氧化锌为无定形，纯度较高，可制成光敏氧化锌、彩电玻壳用氧化锌、药用氧化锌及饲料级氧化锌等。

湿法是以$ZnSO_4$或$ZnCl_2$为原料，经去除杂质，加入Na_2CO_3溶液，生成$Zn_2(OH)_2CO_3$沉淀，再经过漂洗、过滤、干燥，将所得干粉焙烧得ZnO，所制得的ZnO有较大的比表面积，所以也是活性ZnO生产方法之一。

氧化锌纯度高，其活性大，导热性、增白性高，得到的胶料性能较好。

221. 氧化锌与硫化返原有直接关系吗?

硫化返原主要是由生胶本身、硫化体系和硫化温度决定的，一般NR高温硫化时易发生硫化返原，硫化温度越高，硫化返原现象越明显，其原因是多硫键大量减少，一方面生成单、双硫键，另一方面断裂，总交联密度下降。

氧化锌与硫化返原没有直接的关系，而氧化锌在配方中主要起到活性剂的作用，相同情况下纳米或者活性氧化锌是可以提高抗返原性的。纳米ZnO表现出较好的抗硫化返原能力，这是由于纳米ZnO粒径小，比表面积大，当其加入天然橡胶的复合体系中时，在硫化后期较有利于形成更多的单硫交联键，而单硫交联键与多硫交联键相比，键能高，不易断裂，具有较好的热稳定性。

增加ZnO用量可能一定程度上可以缓解硫化返原，因为ZnO本身有耐热作用，可以提高交联密度，还有胶料里面的多余配合剂、残留促进剂也会和ZnO反应，进一步交联橡胶分子，增加抗硫化返原作用。

通常来讲，随着氧化锌用量的增加，物理机械性能（拉伸强度、定伸应力、模量和撕裂强度）随之增大。当氧化锌用量达到2份时模量和拉伸强度值增加不大；只有当用量达到5份时，耐硫化返原性能才能达到最大值。压缩永久变形性能也随着氧化锌用量的增加而改善。在相同用量的情况下，细粒子的氧化锌优于粗粒子氧化锌。

222. 配方中用普通氧化锌好还是活性氧化锌好？

前者便宜，后者活性高，一般的橡胶普通即可满足，乳胶最好用活性的，但不是唯一的。普通氧化锌纯度不一样价格也不一样，也不一定符合环保要求，99.7%普通氧化锌比较贵。如涉及与金属黏合，选用高含量的氧化锌好。

从基本性能上说，活性氧化锌的比表面积比间接法的大很多倍；活性氧化锌基本符合环保要求（重金属含量），间接法氧化锌大多数重金属含量超标；活性氧化锌易分散，价格应该与间接法氧化锌相差不大。

223. 胶料中如果用活性氧化锌代替间接法氧化锌，用量应为多少？

根据含量不同可减量或等量替代间接法氧化锌，活性氧化锌用量可以比间接法氧化锌的少10%～30%，轮胎或橡胶工业制品中氧化锌一般添加3～5份，如果用活性氧化锌取代，添加量在3.5份左右比较合适。活性氧化锌的优点是细度高、分散好。但要注意活性氧化锌的有效期。

胶辊配方中普通氧化锌用量都比较多，有时高达30份，氧化锌用量超过5～10份的部分主要增加导热性、耐热性及补强填充等其他的使用效果。制作胶辊时，活性氧化锌用量一般为10份。

224. 活性 MgO 与普通 MgO 有何区别？

氧化镁的活性是指氧化镁参与化学或物理化学过程的能力，实质是雏晶表面价键的不饱和性，而晶格的畸变和缺陷加剧了这种键的不饱和性。活性的差异主要来源于氧化镁雏晶的大小及结构不完整等因素。

活性氧化镁与普通氧化镁的不同主要表现如下。

① 粒度分布适宜，平均粒径一般小于2μm，微观形态为不规则颗粒或近球形颗粒或片状晶体。

② 活性高，其活性可以用柠檬酸活性（CAA值）表示（其数值越小活性越高），也可用吸碘值表示。普通氧化镁碘值在80左右，价格较低。活性氧化镁碘值为150～180。

③ 价格高，活性氧化镁露置于空气中吸收水分和二氧化碳而使活性降低，有时需要进行化学处理加以保护。其他性质与轻质氧化镁相同。

活性氧化镁在工业上的应用主要是胶黏剂、玻璃钢、医用胶塞、氟橡胶等行业。活性氧化镁可以用于胶黏剂行业，主要用于氯丁橡胶型黏合剂，常见的有万能胶、大力胶、A90 氯丁胶水等，主要出现在装饰材料市场和鞋材市场。胶黏剂专用氧化镁活性≥150，玻璃钢专用氧化镁活性值≥60～120，医用胶塞专用氧化镁活性值≥150，氟橡胶专用氧化镁活性值≥120～150。

225. 环境温度较高的情况下，使用 PEG4000 是不是有提前焦烧的危险？

肯定有，应注意用量，PEG4000 使用量不超过白炭黑的 8%是很少有焦烧现象的，一般用量是白炭黑的 2%～7%。另外环境温度再高，不超过混炼温度，只要不过量就不会焦烧。

226. 在什么情况下不用硬脂酸而选用月桂酸？

月桂酸和硬脂酸都是高级脂肪酸，也都是直链饱和脂肪酸，月桂酸是 12 个碳而硬脂酸是 18 个。

因此硬脂酸酸性更低，考虑到橡胶硫化体系对酸碱度以及价格等的影响，硬脂酸在橡胶中的运用要更广。工业硬脂酸中含 50%的硬脂酸（十八碳）和近 50%的月桂酸（十六碳）。

月桂酸与硬脂酸在橡胶中的作用：软化和增塑作用；作为外部润滑剂；作为分散剂，有利于炭黑、白炭黑和氧化锌的充分扩散；作为活性剂，和氧化锌或碱性促进剂反应可促进其活性。月桂酸的酸值较高，会延缓橡胶的硫化；月桂酸与硬脂酸相比，味道太大。

月桂酸一般用于乳胶工业，一定要与氨水发生作用，成为月桂酸胺，是乳胶最好的保存剂，抑制低挥发性脂肪酸在胶乳中引起变质。用量（乳胶以干计）为 0.2 份，不能再多，否则产生不利影响。

227. 什么情况下添用防焦剂？

凡少量添加到胶料中即能防止或迟缓胶料在硫化前的加工和储存过程中发生早期硫化（焦烧）现象的物质，都称为防焦剂（或硫化迟延剂）。

防焦剂的作用：防止橡胶在加工或储存中出现焦烧现象。常用的防焦剂一般包括：有机酸类（水杨酸、邻苯二甲酸、邻苯二甲酸酐等）、亚硝基化合物（*N*-亚硝基二苯胺，即防焦剂 NA 或 NDPA 等）、硫代亚胺类化合物（*N*-环己基硫代邻苯二甲酰亚胺，即防焦剂 CTP 或 PVI）等。

当胶料容易出现焦烧时可考虑使用防焦剂，主要包括下列情况。

① 胶料在硫化前的加工（包括混炼）次数比较多或有反复加工（如回胶）过程。

② 胶料加工温度比较高或时间比较长。

③ 胶料加工生热很大（如氟橡胶、羧基丁腈橡胶等）。

④ 储存温度较高（如南方地区、夏天）、时间比较长。

⑤ 胶料配方设计的焦烧时间比较短（如门尼焦烧小于1～2min或硫化仪在硫化温度下测定焦烧时间小于10～30s）。

⑥ 较多使用超速、超超速促进剂。

⑦ 自硫胶料、室温硫化胶料。

228. 怎么判断三元乙丙胶的硫化体系是硫黄硫化还是过氧化物硫化？

（1）未硫化的胶料

① 硫化气味，过氧化物多数味道很明显。

② 硫化曲线，过氧化物与硫黄硫化曲线不太一样。

③ 在常压下硫化，不起泡的硫黄可能性非常大（如果胶料软化剂用量较高或水分含量较高也会产生气泡），起密密麻麻小泡的过氧化物可能性大。多数过氧化物分解时会产生低分子量气体产物。

④ 在80～100℃烘箱中放置一段时间，能产生焦烧的多为硫黄硫化体系。因为过氧化物要在较高温度（分解温度）才能发生分解。

（2）硫化后胶料

① 制品烘一烘后闻味道，硫黄硫化没那么大味道。一般过氧化物味道比较大，但如果经较长时间二段硫化，胶料的气味也较小。

② 测定撕裂强度，较大的多为硫黄硫化，较小的多为过氧化物硫化。

229. PEG4000的作用有哪些？

① PEG4000（聚乙二醇，分子量4000）是白色酸性填料（白炭黑、陶土等）的专用活性剂。

② 改变白炭黑表面特性，如活性、pH值，利于促进硫化。

③ 湿润白炭黑，使白炭黑容易和橡胶混合均匀，提高白炭黑的分散性。

④ 改善胶料的性能，提高制品拉伸强度，降低制品的压缩永久变形。

⑤ 改善白炭黑的表面活性，有助于产品离模，改善表面光滑平整度。

230. 在白炭黑胶料中加入PEG4000会缩短焦烧时间和正硫化时间吗？

PEG4000是白色酸性填料（白炭黑、陶土等）的专用活性剂，因而在白炭黑胶料中加入PEG4000会缩短焦烧时间和正硫化时间，这是由于多数白炭黑呈酸性表面，有较多的—OH，加入PEG4000就是为了减少白炭黑上的—OH对促进剂的吸附，使得硫化速度加快。同时可调节填料的酸碱度，并让硫化平稳，因此会缩短焦烧时间和正硫化时间，并且储存稳定性下降。

一般情况下，白炭黑用量较少时（10～20份以下）对硫黄硫化的体系影响不明显，可以不加PEG4000；对过氧化物的体系影响大，有必要加入白炭黑量5%～15%的PEG4000。

231. PEG2000与PEG4000的物性区别有哪些?

常用PEG基本参数区别如表2.7所示。

表2.7 常用PEG基本参数区别

规格	外观(25℃)	色泽	羟值/(mgKOH/g)	分子量	凝固点/℃	水分/%	pH
PEG-200	无色透明液体		510～623	180～220	—	≤1.0	5.0～7.0
PEG-300	无色透明液体		340～416	270～330	—	≤1.0	5.0～7.0
PEG-400	无色透明液体		255～312	360～440	4～10	≤1.0	5.0～7.0
PEG-600	无色透明液体	≤20	170～208	540～660	20～25	≤1.0	5.0～7.0
PEG-800	乳白色膏状物	≤30	127～156	720～880	26～32	≤1.0	5.0～7.0
PEG-1000	乳白色膏状物	≤40	102～125	900～1100	38～41	≤1.0	5.0～7.0
PEG-1500	乳白色固体	≤40	68～83	1350～1650	43～46	≤1.0	5.0～7.0
PEG-2000	乳白色固体	≤50	51～63	1800～2200	48～50	≤1.0	5.0～7.0
PEG-3000	乳白色固体	≤50	34～42	2700～3300	51～53	≤1.0	5.0～7.0
PEG-4000	乳白色固体	≤50	26～32	3500～4400	53～54	≤1.0	5.0～7.0
PEG-6000	乳白色固体	≤50	17.5～20	5500～7000	54～60	≤1.0	5.0～7.0
PEG-8000	乳白色固体	≤50	12～16	7200～8800	60～63	≤1.0	5.0～7.0

PEG随着分子量的增大，活性适量地下降，同时也会对填料表面羟基团的改性作用稍有减弱，对促进剂的焦烧活化作用减弱，就是说随着分子量的增大，有助于硫化焦烧稳定，但对材料与橡胶的补强作用稍有不利。

因PEG4000相对PEG2000，活性较低，对填料表面羟基团的改性作用稍有减弱，对材料与橡胶的补强作用稍有不利，但有助于硫化焦烧稳定，胶料的安全性好。

232. 氟胶多功能硫化助剂LCA性能如何?

双酚硫化助剂LCA主要是针对国内氟橡胶双酚硫化体系混炼胶各项综合性能的不足，根据氟橡胶双酚和BPP的硫化促进机理开发的一种辅助硫化剂，是以一种或多种多孔结构的无机物作为载体，在有机氟催化剂的作用下，经表面吸附聚合而成的低分子混合物，熔点低（65～85℃），表面含有部分短链羟基、酸基等活性基团，在热熔状态下能够溶解大多数有机高分子物质，特别是在90℃下能很好地溶解未硫化的氟橡胶、硅橡胶、丙烯酸酯橡胶、氯醇橡胶等。

氟橡胶中加入LCA，改变了双酚硫化体系（AF/BBP）交联的结构形式，提高了拉伸强度、扯断伸长率和热撕裂性，制品外观亮度明显提高，表面摩擦系数降低。

硫化曲线显示，有效地增大了T_{10}，硫化速度温和；利用低熔融温度和在熔融状态下与氟橡胶相容性良好以及延长的 T_{10}，M_L 明显降低，大大提高了胶料的流动性。LCA 的加入消除了国内氟橡胶混炼胶的缺陷，改善了胶料混炼效果，在工艺性和操作安全性、稳定性、撕边优越性、制品合格率、制品得率等综合性能上都获得较大提高。

T_{10} 延长，曲线上升温和，各项物理机械性能提高。初步分析其利用一种完全不同的硫化促进原理和增塑原理，提高了氟橡胶的物理机械性能，提高了制品的硫化安全性，大大提高了制品质量和合格率。

233. 阻燃 EPDM 挤出产品时，调整了一下填料，硫化速度急剧变慢，这是何故？

如果增加了高岭土、陶土等酸性填料，减少了氢氧化铝等碱性填料，胶料的酸性增强了，对硫黄硫化体系酸性填料会吸附促进剂，对过氧化物硫化体系就会吸收过氧化物裂解产生的自由基，从而降低硫化速度，交联密度下降，同时易产生气泡。这时再补加入二甘醇、PEG、三乙醇胺等调节酸碱度，效果不明显，不能较好地解决以上问题。注意 PEG4000 后加效果不好，必须在混炼时和填料一起加入。另外也可以并用部分第三单体含量较高的 EPDM。

234. CPE 硫化出来呈海绵状，是什么原因？

形成原因可能有下列几点。

① 可能没有加氧化镁，HCl 无吸收，而产生气泡。

② 温度高可能 CPE 分解，可能是没有加稳定剂。

③ 胶料中有水或交联密度不够。

④ 氧化镁易吸水使含水量太大。

⑤ 硫化剂 DCP 分散不均匀。

⑥ 模压时压力不足，胶料少加不能充模。

⑦ 卤化氢的吸收剂要用好（铅类型环氧树脂类）。

235. CM+EPDM 共混胶能用硫黄硫化体系吗？

能不能用硫黄硫化要看配方中 CM 并用量的多少，一般 CM 用量在 10 份以内，就可用硫黄硫化体系。硫黄体系是不能交联 CPE 的，这时是把 CM 当成填料来处理。但 CM 用量较多时（10～20 份以上），只用硫黄硫化体系对胶料的性能影响太大。应该采用过氧化物硫化体系，尽可能不使用 DCP，可以使用无味的 DBPH，也可以硫黄硫化体系和过氧化物硫化体系两种硫化体系并用，如硫黄+EG-3+少量的过氧化物硫化剂，用 BIBP 加 TAIC 效果好一些。

第3章
补强填充体系

236. 橡胶补强和橡胶填充有什么区别？

橡胶补强：在橡胶中通过加入大量的物质来改善橡胶的拉伸强度、耐磨性、撕裂强度和定伸应力等力学性能，提高使用性能，延长制品使用寿命，这种作用称为橡胶补强。

橡胶填充：橡胶加工中，加入大量某些物质，能够增大橡胶的体积，降低橡胶制品的成本，改善橡胶的加工工艺性能，对产品的物理机械性能没有太大影响，称为橡胶的填充。

填充和补强之间没有绝对的界限，在普通橡胶中作为补强剂的活性炭黑如N330，在氟橡胶中就没有补强作用，只能用作填充剂。同时一般情况下，炭黑用量较大本身就意味着同时具有填充作用。

237. 填料、补强剂与填充剂有何区别？

凡是通过大量使用，可改善橡胶物理机械性能、加工工艺性能、降低胶料成本的物质，称为填料。其主要作用：改善橡胶物理机械性能、加工工艺性能、降低产品的成本。填料一般分为补强性填料（即补强剂）和填充性填料（非补强性，即填充剂）。

凡是通过大量使用，可提高橡胶性能（拉伸强度、定伸应力、撕裂强度、耐磨性等）的物质叫补强剂。补强剂的作用是提高橡胶的物理机械性能，种类有炭黑、白炭黑、某些超细无机填料等。

凡是通过大量使用，可增大橡胶容积，降低成本，有时可改善橡胶加工工艺性能的物质叫填充剂。填充剂的作用是增大橡胶的体积，降低产品的成本，种类有陶土、碳酸钙、胶粉、木粉等。

补强剂也需要大量使用才能发挥作用，因而也有填充作用，同时也存在一种配合剂在这种胶料中有补强效果而在另一种胶料中没有补强性的情况，一般不好严格将补强剂和填充剂分开，因而橡胶工业上将补强剂和填充剂统称为填料，也称填充补强剂。炭黑是常见天然橡胶、丁苯橡胶、丁二烯橡胶等的补强剂，但对氟橡胶来说，由于氟橡胶极性很大，本身强度就较高，加入补强性炭黑不但不能提高强度反而有损于胶料强度，只能作为填充剂使用。

238. 槽法炭黑和炉法炭黑有什么区别?

炭黑按制造方法主要分为接触法炭黑（槽法炭黑）、炉法炭黑两大类，此外还有热解法炭黑、乙炔炭黑。

槽法炭黑和炉法炭黑主要区别如下。

（1）制造方法

槽法炭黑：采用铁槽生产，原料燃烧的火焰从喷嘴喷到铁槽底部，不完全燃烧的碳在底部集积，刮下后经造粒而制得。

炉法炭黑：油或天然气在1300～1600℃的反应炉中燃烧，炉顶有冷水喷淋，控制反应到所需要程度，其产物再经过滤、粉碎、造粒、磁选等后制得。

（2）收率不同

槽法炭黑：大约为5%。

炉法炭黑：油炉法为40%～75%，气炉法为28%～37%。

（3）补强性

槽法炭黑：多为活性炭黑，补强效果好，特别是对撕裂强度。

炉法炭黑：按品种从无补强性至高补强性。

239. 新工艺炭黑与普通炭黑有什么不同?

新工艺炭黑是在普通炉法炭黑基础上通过改进工艺而制得的一种新品种炭黑，与普通炉法炭黑相比其主要特性有：炭黑收率高；补强性比传统炭黑高一个等级；聚集体较均匀，分布较窄，着色强度比传统炭黑高十几个单位，形态较开放，表面较光滑。

240. 热解法炭黑与普通炭黑有什么不同?

热解法炭黑是在绝氧的条件下，通过加热，高温下使烃（油或燃气）发生裂解而制得的炭黑，这种炭黑的特点是收率高，由于是在绝氧条件下，炭黑表面活性很低，没有补强性，一般作为特种橡胶填充剂。另外填充胶料的弹性好，生热小，压缩永久变形小。

241. 炭黑对胶料的污染性是什么含义?

一般生胶和配合剂的污染性是指对胶料色彩的影响，能使胶料变成深褐色或黑色，影响胶料着色的特性，如SBR1500、胺类防老剂如4020。炭黑本身就是一种着色力极强的黑色着色剂，因此炭黑的污染性不是指对色彩的影响，而是指炭黑的飞扬性，那些粒径小、易飞扬的炭黑如N110、N220系列炭黑称为污染性炭黑，而那些粒径大、不易飞扬的炭黑如N880、N990系列炭黑称为非污染性炭黑。

242. 炭黑代号N220是何含义？

炭黑的代号由四个符号组成：

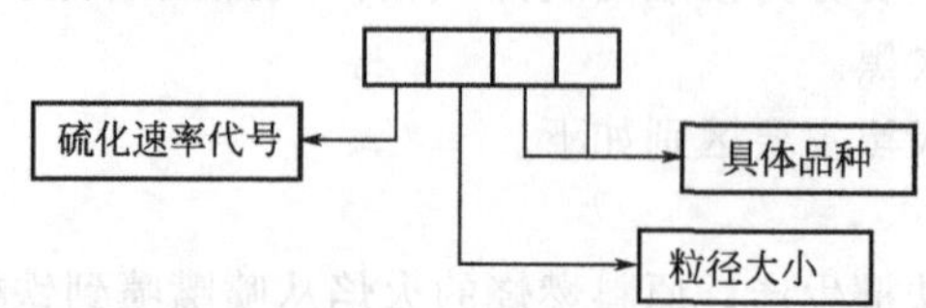

第一个符号代表炭黑在橡胶中对硫化速率的影响，包括N和S两个符号，“N”代表正常硫化速率的炉法炭黑，而“S”代表慢硫化速率的槽法炭黑或改性炉法炭黑。

第二个符号是阿拉伯数字0～9，代表炭黑平均粒径范围，按大小分为10组，数字越小，粒径越小。

第三、四个符号仍为阿拉伯数字，本身无实际意义，组合在一起代表一个炭黑品种。

243. 什么是吸留橡胶、结合橡胶？

结合橡胶也称为炭黑凝胶，指未硫化、混炼胶中在填料（炭黑）表面上不能被良溶剂溶解的那部分橡胶。实质上是填料表面上吸附的橡胶，也就是填料与橡胶间界面层中的橡胶，具有类似玻璃态的特点。结合橡胶多则补强性强，所以结合橡胶是衡量炭黑补强能力的标尺。

吸留橡胶指未硫化混炼胶中，在填料（炭黑）中能被良溶剂溶解的那部分橡胶，包括表面物理吸附橡胶和进入炭黑孔隙中的橡胶，一般炭黑粒径越小和结构性越高，吸留橡胶越多，胶料硬度和定伸应力越大。

244. 炭黑的基本性质有哪些？对胶料力学性能和工艺性能的影响如何？

(1) 炭黑的粒径

炭黑的粒径是指单颗炭黑或聚集体中原生粒子的大小，橡胶用炭黑的平均粒径一般在11～500nm。炭黑的粒径越小，单位质量或单位体积（真实体积）中炭黑粒子的总表面积即炭黑的比表面积越大，炭黑与橡胶的接触面积越大，相同质量炭黑的活性点越多，能更好地发挥炭黑对橡胶的化学结合和物理吸附作用，炭黑的补强效果越好。

(2) 炭黑的结构性

一次结构：炭黑在不完全燃烧的高温区中生成的同时，粒子通过化学结合而生成三度空间的聚集体，即炭黑的一次结构。炭黑的一次结构具有结构稳定性，在橡胶的加工过程中不易发生破坏，是炭黑在橡胶中的最小分散单位。

二次结构：两个或两个以上的聚集体因范德华力而凝聚成疏松结构的凝聚体，即炭黑的二次结构。炭黑的二次结构具有结构不稳定性，在橡胶加工过程中，由于机械的剪切力极易破坏。

炭黑的结构性是指炭黑一次结构的程度，炭黑的结构越松散、粒子数越多，炭黑的结构性越高，形态越复杂、枝杈越多、内部空隙越大，与橡胶结合形成的吸留橡胶越多。炭黑的结构性与其生产方法和所用原料有关，一般情况下，热裂法炭黑的结构性比槽法炭黑的结构性低，以天然气为原料的炭黑比以芳香油为原料的炭黑结构性低。炭黑结构性的测定可用吸油值法，在定量（100g）的炭黑中，加入适量的邻苯二甲酸二丁酯（DBP），填充炭黑空隙，所需要的 DBP 体积数（mL）也称为 DBP 值，其值越大，炭黑的结构性越高。

（3）炭黑的表面性质

炭黑的表面性质包括表面粗糙度和表面化学性质。

表面粗糙度指炭黑粒子表面存在零点几纳米到几纳米的微孔，这是炭黑在生成过程中由于受高温氧化气体的侵蚀而生成的。由于这种微孔很小，橡胶分子不能进入这些微孔，使得炭黑与橡胶能够产生有效作用的表面积下降，因而补强效果低。炭黑表面粗糙度的大小与其制造方法有关，一般槽法炭黑粒子的表面粗糙度最大，炉法和热裂解法炭黑粒子表面粗糙度较小，表面较光滑。表面粗糙度可用电子显微镜法、氮吸附法等进行测定。炭黑的表面化学性质与炭黑的化学组成和炭黑粒子的表面状态有关。炭黑主要是由碳元素组成的，含碳量为 90%～99%，还有少量氧、氢、氮和硫等元素和少许挥发分和灰分。碳原子以共价键结合成六角形层面，所以炭黑具有芳香族的一些性质。炭黑在制造及储存过程中，由于氧化作用，表面含有羟基、羧基、内酯基、醌基，酚基等含氧官能团。另外炭黑表面还存在大量的自由基，这些化学特性使得炭黑粒子表面具有一定的化学活性，化学活性越大，生成结合橡胶的数量越多，炭黑的补强效果越好。

245. 什么是硬质炭黑、软质炭黑？

炭黑是典型的橡胶填料，胶料中加入炭黑后硬度会增大，不同品种的炭黑加入后胶料硬度是不同的。按硬度增大程度不同，炭黑可分为硬质炭黑、软质炭黑两大类。

硬质炭黑指那些加入胶料中后胶料硬度较大的炭黑，主要包括了 N100、N200、N300、N400 系列活性高、补强性好的炭黑。

软质炭黑指那些加入胶料中后胶料硬度小、弹性好、生热性小的炭黑，主要包括了 N500、N600、N700、N800、N900 系列喷雾等半活性、惰性，补强性一般或无补强性的炭黑。

246. 什么是活性炭黑、半活性炭黑、惰性炭黑？

这是按炭黑的补强性来分的，补强性越高则炭黑活性越高。补强性高的炭黑称为活性炭黑，主要包括 N100、N200、N300、N400 系列炭黑。补强性一般的炭黑称为半活性炭黑，主要包括 N500、N600、N700 系列炭黑。无补强性的炭黑称为惰性炭黑，主要包括 N800、N900 系列炭黑。

247. N326、N330 有什么不同？

N326、N330 同属于 N300 系列炭黑，它们粒径范围是相同的，但结构性等有差别。N330 是 N300 系列中普通工艺高耐磨炉黑，耐磨性能比 N220 系列稍差，优于槽黑。N326 跟 N330 相比胶料定伸应力低、伸长率高、拉伸强度相当，但 N326 不容易分散。

248. 炭黑的吸油值和吸碘值都表征炭黑结构特征，两者有什么不同？

吸碘值表征的是炭黑比表面积（粒径）的参数，炭黑比表面积是指单位质量或单位体积（真实体积）中炭黑粒子的总表面积。吸碘值越大炭黑比表面积越大，炭黑比表面积越大则粒径越小，补强性越大，硬度越高，弹性越低，生热越高。

DBP 吸油值通常表征炭黑的结构性。吸油值越大炭黑结构性越大。炭黑的结构性对橡胶制品的硬度、定伸应力和导电性有很大的影响，结构性越高，胶料硬度、定伸应力越高，导电性越好。

249. 裂解炭黑有哪些优缺点？

裂解炭黑是废旧轮胎胎面胶经高温裂解生成的。外观比较像切割胎面再生胶时掉下的粉末。加工性能上易吃粉，不飞扬；但补强性能很差，另外杂质含量也较高；主要应用在低性能制品中，作为低成本填充料。由于这种炭黑污染性太大已被禁止生产。

250. AS70、AS100 系列白炭黑有何特性？

AS70、AS100 系列白炭黑是高弹性、低生热、耐疲劳性好的特种碱性白炭黑。

一般可应用在：

① 动态密封产品——耐疲劳性特别优异；

② 高速 NBR 胶辊——耐疲劳、耐久性好；

③ HNBR 的传动带中——耐久性好；

④ 高弹性的产品中。

其基本性能见表 3.1。

表 3.1 AS70、AS100 系列白炭黑性能参数

品种	BET /(m^2/g)	pH 值	水分 /%	325 目筛余物	特点	应用
AS-70	80	10.5	5.5	<1	加快硫化,加工性极好	胶辊、密封件
					赋予制品高弹性、低压缩永久变形、低生热和耐屈挠性	氟橡胶、丙烯酸酯橡胶
					抗黄变以及防紫外线	NBR/HNBR 橡胶中
AS-100	115	7	5	<1	中高补强,良好的加工性能	NBR/HNBR 的油封、传动带制品中
					中性 pH 值的硅铝酸钠	胶辊、密封、减震等高速运转的橡胶制品
					替代部分二氧化钛	浅色、彩色橡胶制品

251. 炭黑作着色剂用什么型号?

炭黑是较经典的着色能力很强的黑色着色剂，当用量为 0.1～1 份时，可使胶料变为灰色，当用量在 2～4 份以上时胶料变为黑色。因此生产白色、浅色或彩色胶料时要严防炭黑的影响，最好专机专用。

当炭黑作为着色剂时，如果是色母粒，一般是 N330 或者是 N220 配 N326，当然其他品种炭黑也可。如果是油墨、色浆，用 N330 炭黑。以上色母粒、油墨、色浆都是为了降低成本而采用橡胶炭黑，最好采用色素炭黑。

252. 补强树脂和炭黑有什么区别?

补强树脂是填充补强剂按外形的一个分类。炭黑是填充补强剂按化学成分的一个分类。

橡胶用补强树脂（reinforcing resin for rubber）能在橡胶结构中形成与橡胶网络结构相互作用的三维网络结构，从而达到补强效果。可提高胶料拉神强度、弯曲强度及耐磨、耐屈挠龟裂等性能，赋予橡胶一定范围的硬度和低变形，更高的定伸应力，可用于胎面胶补强。这类树脂有酚醛树脂、石油树脂等。

酚醛树脂在轮胎工业中用作增黏剂、补强剂和硫化剂。在大多数要求高黏性的胶料中往往都采用了酚醛增黏剂。而酚醛补强树脂主要用于刚性和硬度要求很高的胶料中，尤其常用于胎面部位和胎圈部位。

一般而言，增黏树脂具有线型结构而补强树脂为支链结构。补强树脂必须用一种亚甲基给予体如 HMT（六亚甲基四胺）或 HMMM（六甲氧基甲基三聚氰胺）进行固化，使其具有热固性，从而起到补强作用。

当补强剂是天然胶和各种合成胶时，可用于制造轮胎、鞋跟、鞋底、传送带等。它们在硫化前起增塑作用，硫化后可有效增大橡胶的拉伸强度、硬度、模量，提高耐老化、耐化学腐蚀、抗溶剂和汽油的能力，且具有极优的耐磨性能。橡胶作

为补强剂，参考用量为 8～10 份，硬化剂 1 份。

253. 沉淀法（湿法）和气相法（干法或燃烧法）白炭黑有何区别？

（1）制造方法

气相法生产的白炭黑和沉淀法生产的白炭黑本质上没有区别，化学名都是二氧化硅。但气相法生产是使用四氯化硅和空气燃烧所得的二氧化硅，细度达 1000 目以上，沉淀法生产是使用硅酸钠里加入硫酸或盐酸后使二氧化硅沉淀出来。常规的沉淀白炭黑细度只有 300～400 目。

（2）基本物理参数

沉淀法白炭黑含有结晶水，故又称水合二氧化硅（$SiO_2 \cdot nH_2O$）。二氧化硅含量 87%～95%，平均粒径 11～100nm，密度 1.93～2.05g/cm^3，pH 值 5.7～9.5。气相法白炭黑又称无水二氧化硅（SiO_2），二氧化硅含量 99.8%以上，平均粒径 8～19nm，密度 2.10g/cm^3，pH 值 3.9～4.0。

白炭黑的补强性能主要取决于表面积（或粒径）、结构和表面化学性质。表面积用 BET 法或 CTAB 法测定，结构性用 DBP 值或 DOP 值测定。

（3）气相法白炭黑与沉淀法白炭黑的性能差别

① 气相法白炭黑。

优点：补强性好，拉伸强度和撕裂强度高，耐磨性好，增硬比沉淀法白炭黑快，透明性好。

缺点：与沉淀法白炭黑比更容易飞扬，生热严重，价格高，加工性差（吃粉慢、流动性差）。

② 沉淀法白炭黑。

优点：与气相法白炭黑相比价格便宜，加工性比气相法好，没有气相法白炭黑飞扬得那么严重，压缩永久变形略优于气相法白炭黑，生热比气相法白炭黑略低。

缺点：补强性比气相法白炭黑差，透明性差。

254. 透明白炭黑、碱性白炭黑、超细白炭黑、纳米白炭黑、高分散白炭黑各有什么特征？

（1）透明白炭黑

透明白炭黑是指加入胶料中能提高或不影响胶料透明性的一类白炭黑，透明白炭黑应具备下列基本要求：折射率与生胶相近或相同；纯度高；粒径小，小于可见光波长 1/3；粒径分布窄。

（2）碱性白炭黑

碱性白炭黑是表面呈碱性（pH＝6.9～10.5）的一种改性白炭黑。具有下列特点：较低的补强性和分散性，加工性极好；赋予硫化胶料高动态模量、低刚度、高弹性、低压缩永久变形、低生热；因 Al_2O_3 和 Na_2O 的引入，呈碱性，具有快速硫化和良好的导热性能；优异的动态性能，动态抗撕裂、抗屈挠性好；NBR/

HNBR 中，分散好，提高其耐热性。

尤其用于氟橡胶、丙烯酸酯中，作为碱性补强填料，补强性和综合性能优于其他碱性填料。

（3）超细白炭黑

任何固态物质都有一定的形状，占有相应空间，即具有一定的尺寸。通常所说的粉末或细颗粒，一般是指大小为 1mm 以下的固态物质。当固态颗粒的粒径在 0.1～10μm 时称为微细颗粒，或称为亚超细颗粒，空气中飘浮的尘埃，多数属于这个范围。而当粒径达到 0.1μm 以下时，则称为超细颗粒。超细颗粒分为大、中、小超细颗粒。

粒径在 0.1～0.01μm 的称为大超细颗粒，粒径在 0.01～0.002μm 的称为中超细颗粒，粒径在 0.002μm 以下的称为小超细颗粒。目前中小超细颗粒的制取仍较为困难，因此一般所说的超细粉体材料是指粒径在 0.1～0.01μm 的固体颗粒。由此可见，超细颗粒是介于大块物质和原子或分子间的中间物质态，是人工获得的数目较少的原子或分子所组成的，它保持了原有物质的化学性质，而处于亚稳态的原子或分子群，在热力学上是不稳定的。超细颗粒与其一般粉末比较，现今已经发现了一系列奇特的性质，如熔点低、化学活性高、磁性强、热传导好、对电磁波的异常吸收等。这些性质的变化主要是由“表面效应”和“体积效应”所引起的。

超细颗粒正在催化、低温烧结、复合材料、新功能材料、隧道工程、医药及生物工程等方面得到应用，并取得了非常令人振奋的结果。

（4）纳米白炭黑

纳米二氧化硅俗称“超微细白炭黑”，意思是二氧化硅粒子的尺寸达到了纳米级别，是极其重要的高科技超微细无机新材料之一，其粒径很小，比表面积大，表面吸附力强，表面能大，化学纯度高，分散性能好，热阻、电阻等方面具有特异的性能，纳米白炭黑以其优越的稳定性、补强性、增稠性和触变性，在众多学科及领域内独具特性，有着不可取代的作用。

（5）高分散白炭黑

沉淀法白炭黑大体可分为三大类：一是“标准”的传统白炭黑（LDS），二是易分散白炭黑（EDS），三是高分散白炭黑（HDS）。高分散白炭黑即新一代白炭黑，与典型的补强填料炭黑相比，不仅能改善轮胎的抗湿滑性能，降低滚动阻力，而且还能改善耐磨性能。

255. 白炭黑与炭黑相比有何特点？

白炭黑与炭黑相比，表面积更高，粒子更细。表面积大则活性高，硫化胶的拉伸强度、撕裂强度、耐磨性也高，但弹性下降。因此混炼胶黏度增大，加工性能下降。白炭黑表面微孔比炭黑多，所以白炭黑表面积增大对橡胶补强性的提高不及炭黑明显。白炭黑的结构也比炭黑高，这是因为白炭黑表面的氢键作用，使之形成的附聚体比炭黑多而且牢固，所以高表面积、高结构白炭黑胶料的黏度很高，对加工不利。沉淀法白炭黑表面有硅醇基；气相法白炭黑表面也有硅醇基。沉淀法白炭黑的pH值或呈酸性或呈碱性不等；气相法白炭黑呈酸性。白炭黑表面的亲水性强（炭黑则具有疏水性），尤其是沉淀法白炭黑表面微孔多，吸湿性更强。白炭黑的亲水性不利于补强，含水分高，会有焦烧倾向。另一方面，白炭黑表面大量—OH基的活性会在胶料中对硫化体系有较强的吸附作用，并延迟硫化。所以对白炭黑的改性（由亲水性到疏水性）和防湿很重要。

白炭黑的pH值在8以上，胶料硫化速度快；pH值在5以下，胶料硫化速度慢。所以在使用白炭黑时，要注意硫化速度。在使用白炭黑的胶料中加入1%～5%的活性剂，可以调整硫化速度并改善物性。

比较明显的区别是颜色不同，白炭黑为白色，可以用来制造各种色彩制品和透明制品；而炭黑只能用来制作灰色和黑色制品。

256. 白炭黑填料与炭黑填料硫化胶的物理机械性能有哪几个方面的差异？

（1）变形性能

白炭黑胶料的硬度高，而模量较低（如100%～300%伸长率时）。

（2）撕裂强度

通过适当的配合，白炭黑硫化胶的撕裂强度（耐裂纹生成和增长两方面）较高。除添加补强性炭黑外，再并用10～15份的VulkasilS或N即可改善抗撕裂性能。

（3）黏合性

沉淀法白炭黑在黏合系统起着重要的作用（RFS系统）。它在树脂的生成反应中起催化作用，并能加强树脂和橡胶的交互作用。

（4）耐热性

沉淀白炭黑硫化胶的耐热性能优于炭黑硫化胶。

（5）耐候性

炭黑胶料明显优于浅色填料的胶料。

（6）动态应变

与炭黑硫化胶相比，白炭黑硫化胶具有更高的复合模量，更低的滞后损失。这一点被利用在轮胎配方中，采用炭黑与沉淀白炭黑以及适量的硅烷活性剂并用的方式。这种组合方式显著改善了耐硫化返原性能，提高了抗撕裂和耐撕裂性能，可以进一步开发成EC系统，即所谓的平衡硫化系统。白炭黑与S-SBR（高乙烯基）并用，可改善轮胎胎面胶的滚动阻力，在这里可以单用白炭黑或采用白炭黑/炭黑并用的方式。

257. 玻璃微珠填料有什么特点？

玻璃微珠是一种硅酸盐材料，用在塑料上比较多，用在涂料行业也多，橡胶也有使用。用于四丙氟橡胶的补强，这个材料对流动性影响较大，且伸长率明显降低。密度是无机填料里最低的，能显著降低胶料的密度。橡胶混炼是个很大的问题，受剪切和挤压后容易破裂。

胶辊用玻璃微珠的作用是：胶辊磨完后微珠自行脱落，表面形成凹坑，水洗行业用这样的胶辊有助于脱水。

258. 金红石型的钛白粉与锐钛型的钛白粉有什么区别？

钛白粉的学名为二氧化钛（titaniumdioxide），是常用的一种白色颜料。常用的有金红石型（rutile）和锐钛型（anatase）两种晶型。两者主要区别如下。

① 两者的晶体类型不一样。钛白粉一共有三种晶体结构，即板钛型、锐钛型、金红石型。板钛型由于其晶体结构不稳定，在自然界中不能长期稳定存在，所以量小，不具有工业价值而未被使用。而金红石型更趋向稳定。

② 金红石与锐钛产品粒径分布存在差异：由于金红石型产品晶型更趋向六面体，比锐钛型产品更容易分散均匀，其所形成的团聚物更加均匀，粒径分布更窄。

③ 虽然金红石型与锐钛型硫酸法生产的工艺类似，但是具体参数存在很大的差别。

④ 锐钛产品只能用硫酸法进行生产，但是金红石产品现在有硫酸法与氯化法两种生产方法。

⑤ 包膜的区别：锐钛产品基本在煅烧结束，经过雷蒙磨破碎之后进行包装销售，而金红石产品为了更好地提高其分散、耐候等特性，在煅烧后使用氧化铝或者锆进行表面处理，同时还进行部分有机处理。

⑥ A（锐钛）型二氧化钛白度较好，但着色力仅为R（金红石）型的70%。在耐候性方面，加入A（锐钛）型二氧化钛试片仅仅经过一年以后即开始龟裂或者出现碎片状剥落，而加入R（金红石）型二氧化钛试片，经过十年以后其外观只有很小变化。由于R（金红石）型二氧化钛着色力及耐候性较佳，塑料着色使用R（金红石）型二氧化钛为好。

⑦ 锐钛型钛白粉不耐黄变，不耐高温，适合用于室内产品，如用于橡胶、塑料、造纸、油墨、涂料及化学纤维等工业部门；金红石则相反，而且适合用于室内、室外的产品，如各种建筑涂料、工业漆、防腐漆、油墨、粉末涂料等行业。

⑧ 价格差距比较大，金红石比锐钛型贵很多，成本也比较高。

⑨ 锐钛型钛白粉相对于金红石型钛白粉，缺少表面处理工艺，两者的晶体形态也不同。对于高耐候性的产品而言，只能使用金红石型钛白粉，锐钛主要用在对耐候性能要求低、白度要求较高的产品中。

259. 在对胶料的拉伸强度无大的影响下，金红石型钛白粉在胶料中用量最大可以为多少份？

多加无益。光多加钛白粉，不一定达到理想的白色，白色中加点群青可以消除黄光，使产品更白，但不要太多。10～30 份钛白粉量，每增加 10 份，拉伸强度减小 1MPa。每个配方下降幅度不一定相同，钛白粉价格较高，也不能仅靠钛白粉增白。钛白粉对橡胶老化也是有影响的。10 份足够，关键要加一些其他便宜的助剂。

260. 如何使白色胶更白？

一般情况下白色胶料加入 5～10 份的钛白粉，未硫化胶白度还不错，但硫化胶颜色偏黄。加了群青对未硫化胶增白效果很好，但硫化胶仍旧不太理想。钛白粉加群青加白艳华。

钛白粉着色力强，但它的遮盖力弱，加多也无用，它需要“好帮手”，那就是立德粉，它的遮盖力强，互相配合，取长补短，成本又低。

其他材料要求纯度高，颜色为浅色或白色、透明。

261. 沉淀法白炭黑能代替气相法白炭黑吗？

如果不是制作硅橡胶，一般橡胶制品用沉淀法白炭黑就行了。现在的沉淀法白炭黑如果比表面积能够到 $180m^2/g$ 以上，补强效果也是很好的，如果是高分散白炭黑，效果更好，当然高分散白炭黑会更贵些。在橡胶行业用气相法白炭黑的越来越少，就连透明硅胶也开始使用高品质的沉淀法白炭黑，一般都是用超细白炭黑取代。

262. 为什么炭黑填充的胶料 100%以及 300%定伸应力比白炭黑的大那么多？两者有什么根本区别？

白炭黑的补强性没有活性炭黑大，并且还有迟缓硫化的缺点，白炭黑主要成分是二氧化硅，靠氢键结合，不如炭黑的连接强度高。另外就是白炭黑在胶料里的分散不如炭黑好，表面处理不好还易团聚，这直接影响了胶料的力学性能。相比来说，白炭黑表面对橡胶分子链的亲和性较差，表面羟基具有较强的极性，会排斥橡胶大分子，因此通常是配合硅烷偶联剂来补强橡胶的，硅烷偶联剂的烷氧基与白炭黑表面羟基结合，中间的多硫基团与橡胶大分子发生反应，以此来提高白炭黑在橡胶中的亲和性，这样白炭黑与橡胶的结合就不如炭黑那么紧密，在较低的应变下，橡胶大分子有较大的活动空间，能随着形变发生移动，因此 100%、300%定伸应力较低，如果应变继续增大，白炭黑橡胶的强度也能上升到与炭黑橡胶近似的数值。

白炭黑的补强性差，但伸长率大及抗撕裂性好。

炭黑的基本结构是类石墨结构的聚集体，以化学键的形式结合影响着其补强及工艺性。炭黑的表面以碳环结构为主，与橡胶分子链的亲和性好，能吸附大量的橡胶大分子，形成结合胶，这些作为物理交联点在橡胶整体中起到补强作用，在 100%、300%定伸上显示出较高的强度。

263. 并用白炭黑能降低耐磨耗性，但有时白炭黑取代部分炭黑后，耐磨耗性不减反升，这是为什么？

这主要是由于白炭黑品种和型号的差别和白炭黑的胶料撕裂强度影响而产生的，一般只有沉淀法白炭黑比表面积在 180m²/g 以上的，才能达到 N330 补强等级。大多数白炭黑的补强性只相当于 N660 或 N770，如果耐磨性较高（N220、N330 补强），胶料中并用一般沉淀法白炭黑后，耐磨性肯定有所下降。

有时加入硅烷偶联剂，会改善白炭黑的分散性；采用高补强性（超细）白炭黑，胶料强度会提高较大。同时少量并用白炭黑（少于 10～15 份），可改善胶料耐撕裂性，这对耐磨性也是有利的。也有可能原本炭黑填充量太大，减少炭黑用量加入粒径较粗的白炭黑，反而得到物理机械性能的平衡。

264. 是否可采用强威粉、矽丽粉来替代白炭黑作为补强剂？

强威粉、矽丽粉不能替代白炭黑，因为白炭黑的比表面积一般在 100m²/g 以上，而强威粉、矽丽粉的比表面积在 30m²/g 以下，强度都比不上白炭黑，补强差别很大，用生胶检验配方对比强威粉和白炭黑，拉伸强度比白炭黑低 2～3MPa、增硬效果是白炭黑的 40%左右。矽丽粉、强威粉等主要是改善加工性能，矽丽粉对硫化速度基本无影响，过氧化物硫化可以考虑矽丽粉。缺点是压缩永久变形高，相对密度大，体积成本高，重量成本低。

265. EPDM 浅色配方，产品做出来很难撕边，该产品做成黑色却很好撕边，为什么？

这就是由白炭黑与炭黑补强性的差别产生的，浅色胶料多用白炭黑补强，黑色胶料多用普通炭黑补强。白炭黑胶料抗撕性高、伸长率大，不易撕边。如果一定要撕边，就适当把白炭黑用量降下来，降低到 35 份以下。如果强度要求不高，可并用其他填料，比如煅烧高岭土等。

或者可以采用其他工艺去毛边，比如刀模冲边、冷冻去边等；也可在改进模具设计、工艺上下点功夫，如产品出模的时候让它稍微欠硫，这样比较好撕边，再进行二次硫化。

266. DPG 在白炭黑配方中起什么作用？

促进剂 DPG（D）（二苯胍）的加入是利用其偏碱性的特点，以调节白炭黑的酸性，而在一定程度上碱性环境有利于硫化体系硫速的提升。同时还有的和酸性促进剂（主要是噻唑类促进剂，如 M、DM 等）并用，起硫化活化作用，提高硫速。

267. 白炭黑补强丁腈橡胶注意事项有哪些？

① 白炭黑补强丁腈胶需加 KH5560、KH550 等硅烷偶联剂连接橡胶分子与白

炭黑填料表面的化学基团，起补强作用，由于白炭黑的强吸附性，配方中起化学作用的，如促进剂、硫化剂、防老剂的量需适当增加。

② 依据白炭黑的酸度大小可以适量加入碱性助剂调节。

③ 需要加适量聚乙二醇类中和白炭黑的酸性。

268. 白炭黑胶料中是否使用了结构控制剂就不应该再使用 PEG？

结构控制剂和活性剂 PEG（聚乙二醇）两者的作用原理是不同的，所以没有上述这种说法。结构控制剂是为改善胶料加工工艺而用，主要用于白炭黑填充硅橡胶，防止其在停放过程中产生结构化现象，胶料流动性下降、黏性下降，不易于后期加工；PEG 是与白炭黑粒子表面的羟基结合防止其对促进剂的吸附，同时改善胶料 pH 值，提高硫化速度。在硅胶以外的产品中，通常用偶联剂与 PEG 并用，硅橡胶的结构控制剂通常用羟基硅油而不需要加偶联剂，而 PEG 不可以直接加到硅橡胶中。

269. 在用白炭黑的配方中加 PEG 作用是什么？用量是多少？

PEG（聚乙二醇）是白炭黑胶料的有机活性剂，其他还有二甘醇、丙三醇、乙醇胺等，优先与白炭黑粒子表面的羟基结合防止其对促进剂的吸附，同时改善胶料 pH 值，保证硫化速度。一般是白炭黑用量的 5%～10%，还可根据配方材料搭配来调配，没有固定的比例可讲，一切根据实际情况确定，如果配方中有陶土类的酸性填料，则要适当地增加用量。

270. 滑石粉胶料中加入 PEG4000 会有效果吗？

PEG4000 在橡胶配方中，一是可以调整配方中酸碱平衡；二是可作为填料（如白炭黑、炭黑、镁强粉、滑石粉、碳酸钙等）和色料在胶料中的分散剂；三是可以改善橡胶、填料、色料及各种添加剂之间的分子润滑性。在使用各种填料和色料的胶料中作为活化分散剂时，能减少或消除填料对硫化的影响，使各种助剂分散均匀并延长焦烧时间，提高橡胶制品的物理机械性能。在各类彩色橡胶制品中，可以使制品色泽鲜艳。在应用于轮胎及橡胶模压制品中时，PEG4000 具有良好的润滑作用，使制品表面更光滑。在天然橡胶、合成橡胶的生产工艺中，还可作为内脱模剂。优点是不挥发，不产生灰变，脱模后模具保持洁净。而且模压制品表面也由于它的加入而更加平滑洁净。

滑石粉是自然界中硬度最小的矿物之一，同时呈现酸性，加入 PEG 会有一些效果，但不一定很明显。PEG4000 的用量一般是根据配方中白炭黑用量的 8%～10%来加的，但是也可以为了填料分散更好和脱模而多加一点。加多了会喷出，影响橡胶制品外观。

271. 沉淀法白炭黑和气相法白炭黑在配方中有什么区别?

气相法白炭黑的细度比沉淀法白炭黑的细度细很多(气相法白炭黑1000目左右，沉淀法白炭黑 300～400 目左右)，气相法白炭黑粒径约为 15～25nm，杂质少，补强性能好，主要用于硅橡胶等透明、半透明或档次较高的橡胶制品，物理性能和耐介电性能良好，耐水性优越，但是价格高，飞扬性极大，给使用运输带来不便，混炼时损失很大，混炼困难。可以将气相法白炭黑和其他填料等混在一起，并把部分油等液体软化剂倒入其中。另外粒径小会导致气相法白炭黑在橡胶中分散差一些，影响胶料的性能如弹性，还有气相法生产的白炭黑 SiO_2 的含量稳定性差一些。

沉淀法白炭黑粒径 20～40nm，纯度低，补强性差，但价格便宜，工艺性能也比气相法好。

沉淀法白炭黑呈酸性或碱性，而气相法白炭黑呈酸性。前者的表面微孔多，吸湿性更强。

272. 如何在开炼机上向硅胶中加气相法白炭黑?

可采用下列措施来提高在开炼机上向硅胶中加气相法白炭黑的混入效果。

① 采用颗粒状的气相法白炭黑。

② 在里面加些油。

③ 可以适当提高混炼温度。

最好用捏合机混炼，硅胶在 6in (1in＝0.0254m) 开炼机上加气相法白炭黑，伸长率远比用捏合机混炼出来的小。硅胶加沉淀法白炭黑在开炼机混炼的胶料的伸长率也会小一点，但差别不如气相法白炭黑明显。

273. 白炭黑表面改性有哪些方法?

白炭黑的表面改性是利用一定的化学物质通过一定的工艺方法使改性剂与白炭黑表面上的羟基发生反应，消除或减少表面硅烷基的量，接枝或包覆其他化学物质，以达到改变表面性质的目的。一般来说，大部分能够与白炭黑的表面羟基发生化学反应的易挥发物质均可作为改性剂。其作用机理，一般认为由易水解基团水解生成硅烷醇，进而与白炭黑表面的硅羟基产生缩合，使白炭黑表面由亲水性变为疏水性，从而增大其与橡胶的相容性。Si-69 的有机硅烷与白炭黑的羟基发生缩合反应，多硫键还可以与橡胶反应，增大白炭黑与橡胶的结合力，使白炭黑的分散更加均匀，减少白炭黑的附聚现象。

在实际应用中，Si-69 的使用方法主要包括直接混合法和预处理法两种。直接混合法是将白炭黑、生胶与 Si-69 按比例均匀混合，再加入其他助剂，以免阻碍偶联剂与聚合物的作用，但分散效果不够理想。预处理法是先用偶联剂对 SiO_2 进行表面处理，然后再加入到胶料中。预处理法根据处理方式不同分为干式处理和湿式处理法。干式处理是在高速搅拌机中首先加入SiO_2，在搅拌的同时将预先配制的偶联剂溶液慢慢加入，并均匀分散在SiO_2表面进行处理；湿式处理则是在二氧化硅的制作过程中，用偶联剂处理液进行浸渍或将偶联剂添加到SiO_2的浆液中，然后进行干燥。

如果混炼温度过高，可能引起早期焦烧。尤其是热稳定性不足的S>3的聚硫化物是引起焦烧提早发生的原因。这种聚硫化物高温时与橡胶基体发生反应，形成白炭黑/硅烷/橡胶交联，由于混炼温度受聚合物热稳定性、白炭黑分散和硅烷化反应平衡的制约，Si-69混炼批次温度不得超过155℃。另外，Si-75为二硫硅烷，高温稳定性高，可以大幅度减少早期焦烧的危险性，但一般不超过165℃。

一种新型硅烷偶联剂NXT（化学名称：3-辛酰基硫代-1-丙基三乙氧基硅烷），采用辛酰基封闭了分子的巯基硅烷部分，在混炼阶段，封端的硅烷偶联剂与白炭黑粒子反应，降低白炭黑的亲水性。硫化时封端的硅烷偶联剂脱去辛酰基封闭基团，产生与橡胶结合的巯基硅烷偶联剂。由于结构和在白炭黑胶料中的加工特性，封端硅烷偶联剂需要的混炼段比Si-69和Si-75等少，其混炼温度可达180℃。在填充白炭黑的胎面胶中使用该偶联剂，可以降低胶料的黏度，改善胶料的加工性和分散性。

聚合物包覆改性白炭黑是指有机物单体在含有待包覆二氧化硅的溶液中发生聚合反应形成高分子，同时在粒子表面沉积，形成包覆层的方法。目前聚合物包覆改性白炭黑实施的方法主要有：接枝聚合法、乳液聚合法、超声波引发聚合法。

274. 含有Si-69的胶料没有硫黄，高温下为何会产生焦烧？

含有Si-69的胶料，虽没有加入硫黄，但Si-69是多硫化合物，在高温下Si-69会释放S而参与交联，导致提前交联而有了焦烧现象，165℃温度下不仅焦烧，还有硅烷化的二级反应，影响白炭黑分散。Si-69理论上会在高温下焦烧，但是，和使用的具体型号和厂家也有关系，如果是国内的产品，就焦烧了；如果用德固赛的产品，稳定性和质量就好一些，165℃是德固赛Si-69产品可以存在的温度。在这个温度下，可以用Si-69，但是其他公司的产品可能不行。

275. 重质碳酸钙、轻质碳酸钙、活性碳酸钙、超细碳酸钙和纳米碳酸钙有何区别？

（1）普通碳酸钙

碳酸钙是一种重要的、用途广泛的无机盐。根据生产方法的不同，可将普通碳酸钙粉体分为轻质碳酸钙和重质碳酸钙。

轻质碳酸钙又称沉淀碳酸钙，简称轻钙。是用化学加工方法制得的；重质碳酸钙又称研磨碳酸钙，是用机械加工方法直接粉碎天然的方解石、石灰石、贝壳等而制得的。由于化学加工方法制得的碳酸钙粉体的沉降体积为2.5mL/g，比机械加工方法制得的碳酸钙粉体的沉降体积（1.2～1.9mL/g）大，所以前者称为轻质碳酸钙，后者称为重质碳酸钙。

碳酸钙的化学式为 $CaCO_3$，其结晶体主要有复三方偏三面晶类的方解石和斜方晶类的文石，在常温常压下，方解石是稳定型的，文石是准稳定型的。无论是轻质碳酸钙还是重质碳酸钙，均以方解石为主。

根据碳酸钙晶粒形状的不同，可将轻质碳酸钙分为纺锤形、立方形、针形、链形、球形、片形和四角柱形碳酸钙，这些不同晶形的碳酸钙可由控制反应条件制得。

轻质碳酸钙的粉体特点：颗粒形状规则，可视为单分散粉体；粒度分布较窄；粒径小；纯度高；白度高。

重质碳酸钙的形状都是不规则的，其颗粒大小差异较大，而且颗粒有一定的棱角，表面粗糙，粒径分布较宽，粒径较大，平均粒径一般为 1～10μm。重质碳酸钙按其原始平均粒径分为：粗磨碳酸钙 3μm、细磨碳酸钙 1～3μm、超细碳酸钙 0.5～1μm。

重质碳酸钙的粉体特点：颗粒形状不规则；粒径分布较宽；粒径较大。

（2）活性碳酸钙

活性碳酸钙，又称改性碳酸钙、表面处理碳酸钙、胶体碳酸钙或白艳华，简称活钙，是用表面改性剂对轻质碳酸钙或重质碳酸钙进行表面改性（活化处理）而制得的。表面改性剂一般是具有两亲基团的有机物（如高级脂肪酸、表面活性剂、偶联剂等）。经表面改性剂改性后的碳酸钙，不但疏水化而且活性化。

其特性为：吸油值低；分散性好；能补强等。主要的优点是具有补强性，即所谓的“活性”，所以习惯上将改性碳酸钙均称为活性碳酸钙，将改性过程称为活化过程。根据活性碳酸钙所用原料的不同，可将活性碳酸钙分为活性轻质（沉淀）碳酸钙和活性重质碳酸钙。

在改性工艺中，改性剂的用量有所不同，活性轻质碳酸钙的改性剂用量约1%，而活性重质碳酸钙的改性剂用量一般为 2.5%～3%。

（3）超细碳酸钙

超细碳酸钙是指粒径在 0.02～0.1μm 的碳酸钙产品，根据碳酸钙粒径的大小与其在制品中所反映出的性能，将碳酸钙粉体粒径分为 5 种类型，详见表 3.2。

表 3.2 碳酸钙粉体粒径类型

类别	粒径范围/μm	在制品中显示的性能
超微细	＜0.02	具有透明或半透明性质
超细	0.02～0.1	补强剂
微细	0.1～1	半补强剂
超微粉	1～5	半补强剂-增量剂
微粉	＞5	增量剂

普通碳酸钙用作填料仅起增容、降低成品价格的作用。超细碳酸钙不仅可以起

到增容降价作用，用于塑料、橡胶和纸张中，还具有补强作用。补强作用可与白炭黑相媲美。

(4) 纳米碳酸钙

纳米碳酸钙是指粒径在 1～100nm（0.001～0.1μm）的碳酸钙产品，其中与超细碳酸钙有部分重叠。由于纳米级碳酸钙粒子的超细化，其晶体结构和表面电子结构发生变化，产生了普通碳酸钙所不具有的量子尺寸效应、小尺寸效应和表面效应，在磁性、催化性、光热阻和熔点等方面与常规材料相比显示出优越性能。将其填充到橡胶、塑料中能使制品表面光艳、伸长率大、抗张力高、抗撕力强、耐弯曲和龟裂性良好。

当然也可以将超细和纳米碳酸钙再进行进一步表面改性，成为活性超细和纳米碳酸钙，则性能更好。

276. 如何鉴别碳酸钙是否受潮？

碳酸钙正常水含量为 0.4%（105℃恒重），如果含水较高可用下列方法定性鉴别。

① 用手抓，湿的容易成团，干的不易成团。

② 80℃恒温加热，称重，得出质量差就知道了。

③ 仅需酒精灯（或打火机）、一支试管和试管夹，先夹好试管，取少量碳酸钙试样放入试管内，将试管底部在酒精灯火焰中烘烤片刻，然后离开火焰，稍冷却，注意观察试管壁是否有水蒸气冷凝的雾状小水珠。若有，表明碳酸钙含水分；水珠是多还是少，表明水分含量高低情况。

如果想精确测定碳酸钙中的水分含量，可以通过取样的方法多取几个样品，然后加热分解，称取氧化钙的质量来计算碳酸钙的质量，计算加热分解前、后的质量差，即可得到单个样品的水分含量。将几个样品的水分含量通过数据处理后得出平均值即可精确得知碳酸钙中的水分含量。

277. 用于降低橡胶摩擦系数的有哪些材料？

① 石墨，用量为 1～10 份，可以考虑用进口的。加入量较大时，容易造成胶料分层且混炼困难。对胶料的强度影响较大。

② 硫化钼 10 份。

③ 聚四氟粉乙烯 10 份，但变形太大。

278. NKL-7 有哪些特点？

NKL-7 是以天然黏土材料应用特殊工序制备而成的超细层状硅酸盐粉体材料，可广泛应用于橡胶工业。属环境友好材料，无毒性以及重金属含量均符合环保要求，其使用不会对环境造成负面影响。NKL 系列高岭土（Nano-Kaolin）可用于各种橡胶制品，显著提高其物理机械性能，同时降低其生产成本。特别是在弹性、抗屈挠、尺寸稳定性、阻隔性能、扯断伸长率、压缩变形等性能方面具有相当的优势。在顺丁橡胶、三元乙丙橡胶、天然橡胶和丁腈橡胶中优于白炭黑的补强性能，在丁苯橡胶中接近于白炭黑的补强性能。

NKL系列高岭土（Nano-Kaolin）应用于橡胶，可以代替目前主流补强剂白炭黑，提供高力学性能以及自己独特性能。

NKL-7经过偶合剂活化处理，提高橡胶与高岭土填料表面的偶合性，从而均匀分散于橡胶中，显著提高其对橡胶的补强性能。

NKL-7中高岭土以活性级形式存在，用作天然橡胶、合成橡胶的补强剂，可增强硫化物的物理机械性能，提高橡胶制品的弹性、气密性、抗屈挠性与自洁性。

NKL-7可单独用作天然橡胶、合成橡胶、热塑性弹性体的补强填充剂，也可以在白炭黑补强体系中按NKL-7∶白炭黑=3∶1取代白炭黑，制品的定伸应力可以提高一倍，撕裂强度可以提高40%。在过氧化物体系中以2份的NKL-7取代1份的硅酸铝，其物性可以提高50%以上。

NKL-7在橡胶中容易混入，容易分散，可大量填充，而且性价比高。

279. P95有哪些特点？

P95是一种白色粉末，其主要成分是硅铝酸钠，粒子非常细，在2500～3000目左右。P95有中等的比表面积（70～80m²/g）和碱性的表面（pH为10.2左右），其特点如下。

① 保持高的橡胶回弹性，一般用P95填充的橡胶压缩永久变形都会变小。

② 表面呈碱性，能提高硫化效率（这在有些对酸性敏感的体系，如氟橡胶中很重要）。

③ 提高金属和橡胶的黏结力。

④ 橡胶的加工性能优异，能提高填充量。

⑤ 能和高比表面积二氧化硅或者硅藻土混配，从而达到合适的机械强度。

⑥ P95的单价一般比纯的碱性白炭黑更有优势。

280. Sillitin N85有何特点？

Sillitin N85是德国霍夫曼（Hoffmann）高品质诺易堡硅土中的一种，其系列产品有Sillitin N85、Z86、P87、Z91、VM56（过氧化物体系）、Aktisil PF216（硫黄体系）、MAM（FKM）、AM（PU专用）。

诺易堡硅土又叫矽丽粉、Sillitin和Sillikolloid，是一种无定形二氧化硅和板状高岭土的天然结合。是一种松散的结构，但不会被机械方式分开，由于天然的陈化，二氧化硅部分呈现圆状颗粒而它的基本粒子的聚集体直径约200nm，如此独特的结构，使其形成较高的比表面积和高吸油量，在整个加工过程中有优异的胶料流动性及触变性。主要用于密封件/O形圈油封、液压管/燃油胶管、汽车密封条等橡胶件。

特点如下。

① 良好又快速的混合，优良的分散性能，缩短混炼时间，不会出现凝聚现象。

② 高填充率，降低混炼成本。

③ 良好的流变性能，改善流动，适合多腔模压加工。

④ 极佳的表面，可生产出外观完美的密封条，几乎没有不良品。

⑤ 拉伸强度和扯断永久变形小，密封性能优异。

⑥ 对硫化无不良影响，良好的热传导性能，缩短硫化时间，提高连续硫化的基础速率。

⑦ 良好的抗老化性能，使用寿命长，减少防老剂的使用量，从而降低成本。

281. 酸性材料是延迟硫速还是加快硫速?

一般碱性配合剂（主要指填料）可以加速硫化，提高效率。但是有个例外，在做挤出时，除水剂（吸水剂）氧化钙（碱性）就会迟延硫化，因为它会吸附硫化（助）剂。

并不是说酸性还是碱性能加速硫化，而是要看基体的酸碱性。如果混炼胶是酸性的，碱性固然能促进硫化，橡胶行业多数混炼胶是呈酸性的。

282. Vulkasil 系列填料的补强效果差别有哪些?

Vulkasil 系列填料主要有 Vulkasil S、Vulkasil N、Vulkasil A1 和 Vulkasil C 等品种。

Vulkasil S 和 Vulkasil N 可作为高补强性的填料，Vulkasil A1 和 Vulkasil C 可作为半补强性填料。在多数情况下，Vulkasil A1 补强性能都略高于 Vulkasil C。这两种产品的主要区别在对混炼胶硫化速度的影响上。通常含 Vulkasil A1 胶料的硫化速度快，含 Vulkasil C 胶料的硫化速度慢。在相同填充量时，Vulkasil A1 和 Vulkasil C 补强效果低于纯白炭黑，因此制品的物理机械性能也次于含白炭黑的制品；但是弹性性能和压缩永久变形性能却优于后者。由于补强活性高，Vulkasil S 和 Vulkasil N 以及相应的颗粒型（KG）产品适用于高补强性需求以及硫化胶物理机械性能需求很高的制品中。当制品的物理机械性能要求不高时，Vulkasil S 或 Vulkasil N 可以与其他低补强性的填料并用或并用大量的增塑剂。通过 Vulkasil S 与廉价填料或增塑剂并用的方式，材料成本和硫化胶的性能可以在一个很宽的范围内变化。

283. 黏土、瓷土、陶土区别是什么?

（1）黏土

黏土是一种含水铝硅酸盐产物，是由地壳中含长石类的岩石经过长期风化和地质作用而生成的，在自然界中分布广泛，种类繁多，藏量丰富，是一种宝贵的天然资源。黏土具有颗粒细、可塑性强、结合性好、收缩适宜、耐火度高等工艺性能，黏土是瓷器的基础。黏土主要分为瓷土、陶土和耐火土三类。

(2) 瓷土

瓷土(kaolin)是瓷器的主要原料。瓷土又称高岭土、高岭藏土、白陶土、阳土等。主要成分是硅酸铝水合物($Al_2O_3 \cdot 2SiO_2 \cdot 2H_2O$ 或 $H_4Al_2Si_2O_9$)。颜色纯白或淡灰,呈六角形片状结晶,相对密度 2.54～2.60,吸油量为 30%～50%。高岭土的 pH 值一般为 4～5,呈弱酸性。它是一种重要的非金属矿产,与云母、石英、碳酸钙并称为四大非金属矿。

纯粹的瓷土是一种白色或灰白色,有丝绢般光泽的软质矿物。纯粹瓷土的成分是:SiO_2 46.51%,Al_2O_3 39.54%,H_2O 13.95%,熔点为 1780℃。瓷土是由云母和长石变质,其中的钠、钾、钙、铁等流失,加上水变化而成的,这种作用叫作"瓷土化"或"高岭土化"。纯粹的瓷土(高岭土)存量不多,而且所谓纯粹的瓷土,也没有黏土那样强的黏度。一般所说的瓷土如果放在显微镜下面来观察,大部分带有白色丝绢状的光泽,银光闪闪,是非常小的结晶,这就是所谓纯粹的瓷土。此外,还含有未变质的长石、石英、铁矿及其他作为瓷土来源的岩石的碎片。可用于造纸、陶瓷、橡胶、化工、涂料、医药和国防等几十个行业。

(3) 陶土

陶土是指含有铁质而带黄褐色、灰白色、红紫色等色调,具有良好可塑性的黏土。矿物成分以蒙脱石、高岭土为主。陶土主要用作烧制外墙、地砖、陶器具等。陶土矿物成分复杂,主要由高岭石、水白云母、蒙脱石、石英和长石组成。颗粒大小不一致,常含砂粒、粉砂和黏土等。具有吸水性和吸附性,加水后有可塑性。颜色不纯,往往带有黄、灰等颜色,因而仅用于陶器制造。矿床(点)取样分析:含二氧化硅 65.18%～71.86%,三氧化二铝 15.02%～17.99%,三氧化二铁 3.27%～6.61%,氧化钙 0.75%～1.68%,氧化镁 0.89%～2.07%,烧失量 4.19%～6.20%。陶土可分为硬质陶土(hard clay)和软质陶土(soft clay)。

陶器的胎料是普通的黏土,瓷器的胎料则是瓷土,陶胎含铁量一般在 3%以上,瓷胎含铁量一般在 3%以下,陶器的烧成温度一般在 900℃左右,瓷器则需要 1300℃的高温才能烧成。陶土的致密性没有瓷土高。

284. 硬质陶土和软质陶土差别是什么?

硬质陶土粒子较小,粒径在 2μm 以下的占 87%～92%,其补强效果较好;软质陶土较粗,粒径在 2μm 以下的约占 50%,5μm 以上的约有 25%～30%,其补强性较差。一般而言,硬质陶土对硬度、定伸应力的提高,拉伸强度或耐磨耗性的增强效果比软质陶土大。

285. 煅烧陶土与普通陶土相比,其特点是什么?

陶土又称无水硅酸铝,是橡胶的填充补强剂。可用于天然橡胶、合成橡胶、乳胶树脂的补强填充。煅烧陶土是选用天然优质陶土,经严格的风选、漂洗、沉淀、干燥、煅烧（1100℃高温）、超细粉碎而制得的，特点如下。

① 易混炼，加工成型性好，制品表面光洁。

② 可提高胶料的黏度，增大挺性和减小收缩率，制品压缩永久变形低。

③ 是炭黑的良好分散剂，在各种型号的炭黑中添加15～20份煅烧陶土，胶料混炼吃粉快，硫化胶综合性能提高。

④ 可提高硫化胶的拉伸强度、定伸应力，并能改善胶料耐磨性、耐水性和耐化学药品性。

广泛应用于橡胶工业制品，特别适用于耐油、耐热、耐酸碱的制品，如密封圈、胶管、胶带、轮胎、胶垫以及鞋类等。

286. 凹凸棒石黏土是什么？

凹凸棒石黏土是对凹凸棒石加工而得的，凹凸棒石又名坡缕石或坡缕缟石，是一种层链状结构的含水富镁铝硅酸盐黏土矿物。其晶体形状为棒状、纤维状、针状，长0.5～5μm，宽0.05～0.15μm，为2∶1型黏土矿物，即两层硅氧四面体，一层铝氧八面体。

凹凸棒石黏土集合体为土状块体构造，颜色为灰白色、青灰、微黄或浅绿，具有油脂光泽，相对密度小，莫氏硬度2～3级，潮湿时呈黏性和可塑性，干燥收缩小，且不产生龟裂，吸水性强，可达到150%以上，pH≈8.5，由于内部多孔道，比表面积大（可达350m^2/g以上），大部分阳离子、水分子和一定大小的有机分子均可直接被吸附进孔道中，而它的电化学性能稳定，不易被电解质所絮凝。

凹凸棒石黏土矿物具有纳米材料的属性，是具有纳米通道结构的天然纳米结构矿物材料，由于它们具有非常大的比表面积和一定的离子交换性，因此广泛用作吸附剂、催化剂载体和抗菌剂载体等。

凹凸棒石黏土具有较高的卫生安全性。凹凸棒石黏土可作为天然橡胶、丁苯橡胶、丁腈橡胶、三元乙丙橡胶等的填充剂。提纯的凹凸棒石黏土是对凹土有效地进行分类、分级、提纯、超细化和功能化处理后，得到的多孔高比表面积纳米矿物载体材料，具有接近于白炭黑的补强性。

287. 煅烧高岭土与水洗高岭土有何区别？

煅烧就是经过高温烧成，将高岭土的结晶水与有机物烧掉，有提高白度与提纯的作用。水洗是将原矿里的砂质与杂质经过淘洗提纯，通常原矿的三氧化二铝含量很低，约17%～25%，如果含铝量太低了，就不值得水洗了。

二者区别如下。

① 煅烧无法将原矿多出来的砂质去除，水洗可以。

② 煅烧高岭土是经过煅烧的，晶型和原土已经发生了改变；而水洗高岭土只是物理处理，不会改变原土性质。

③ 白度差别比较大，一般轻烧之后高岭土白度会增加，而水洗不会显著增加

白度。

④ 用途不同。根据不同的煅烧温度，高岭土可以作为造纸添加剂和耐火材料骨料。而水洗高岭土一般是作为造纸填料的。

⑤ 煅烧高岭土目前主要是指硬质高岭土（煤系高岭土），原土没有黏结性，不能直接作为造纸或耐火材料的原料，需煅烧以后应用；水洗高岭土的原土具有黏结性，可以直接作耐火材料黏结剂或造纸填料。

⑥ 煅烧高岭土的成本比较高。

⑦ 煅烧会导致高岭土粒径增大，虽然比表面积减小，吸附性有所下降，但表面能降低，使高岭土分散性提高，且无定形化使结构变得松散，也可以提高分散性。煅烧脱羟后的高岭土通常经研磨细化或化学表面改性后作为橡胶、塑料等的补强填料而部分替代白烟。

288. 填充 PTFE 的产品不耐磨是什么原因？

PTFE 在橡胶中分散相当困难，分散不好就会产生应力集中，从而影响强度、耐磨性。如果并用不当，会使橡胶材料性能变得更差，胶料不耐磨。

可采用改性的 PTFE 粉（如大金公司的 L-5F），经过改性的 PTFE 粉分散性比普通 PTFE 分散性好很多，但是价格较高。

如果生胶直接在开炼机填充聚四氟乙烯，肯定很难分散，可先将 PTFE 与 NBR 密炼为母胶，然后再与其他胶料并用，最好是能达到共硫化。

289. MP 1000 和 MP 1500 在氟橡胶中有哪些区别？

MP 1000 和 MP 1500 是杜邦公司开发出的高分子量的 TFE/HFP 共聚氟塑料微细研磨粉末，当其与弹性体在高剪切条件下共混时就能够被剪切成短纤维状、带状、片状分散结构，并且其能与弹性体形成均匀的共混结构，降低摩擦系数、提高耐磨性能，还能够改善撕裂性能。在改善磨损性能方面，两种添加剂都表现出了较好的效果。

MP 1500 能够改善多种弹性体的撕裂性能，尤其是高温下的撕裂性能。提高高温撕裂性对于降低高温下产品出模时的报废率是非常重要的。氟添加剂 MP 1500 的用量可以根据最终硫化胶需要的性能来确定。必要的时候，可以调整炭黑或白炭黑的用量。混炼过程中必须有充分的剪切力使 MP 1500 形成短纤维、片状、带状结构后，才能表现出补强效果。

第4章
防护体系

290. 什么是橡胶老化？

（1）橡胶老化

橡胶或橡胶制品在加工、储存或使用过程中，由于受到热、氧、光、机械力等因素的影响而使其发生物理及化学变化，性能下降，甚至丧失使用价值的现象称为橡胶的老化。

（2）橡胶老化表现

外观：变形、变软、发黏、变脆、变硬、龟裂、发霉、斑点、失光及颜色改变等。

内在：在物理性能上橡胶有溶胀、流变性能等的改变；在力学性能上会发生拉伸强度、伸长率、弹性等指标下降。

（3）橡胶老化实质

从分子结构上橡胶老化主要分为两种：降解和结构化。

橡胶分子结构在化学、物理以及生物因素的作用下，发生了氧化降解反应或结构化反应，有时也发生支化反应。老化是不可逆的过程。

降解反应使橡胶分子链产生断裂，橡胶平均分子量下降，强度下降，橡胶变软发黏，如天然橡胶、聚异戊二烯橡胶、丁基橡胶、二元乙丙橡胶、均聚型氯醇橡胶及共聚型氯醇橡胶等。

结构化反应是进一步交联，刚开始强度增大，最终却使橡胶强度下降、伸长率下降、表面硬化变脆、龟裂失去弹性，如顺丁橡胶、丁苯橡胶、丁腈橡胶、氯丁橡胶、三元乙丙橡胶、氟橡胶、氯磺化聚乙烯橡胶等。

291. 橡胶老化的原因是什么？

橡胶老化的主要原因有两个方面。

（1）内因

橡胶分子结构，主要是橡胶的不饱和性使其化学活性高，易于老化。极性高，橡胶耐老化性好。其他成分，如松香能加速橡胶老化，防老剂则能迟延橡胶老化。

（2）外因

① 氧：氧化作用是橡胶老化的重要原因之一。氧老化随氧分压的增加而增大。

② 温度：在老化过程中，温度起着加速橡胶老化的作用，提高氧扩散速度和活化氧化反应，从而加速橡胶氧化反应速度，有时也影响橡胶老化的机理。

③ 臭氧：各种橡胶的臭氧老化龟裂时间均随着臭氧浓度的提高而显著缩短，橡胶的品种不同，龟裂程度有差别。臭氧浓度也影响着龟裂增长速率，随着臭氧浓度的提高，龟裂增长速度提高。臭氧的化学活性比氧高得多，破坏性更大，它同样是使分子链发生断裂，但臭氧对橡胶的作用情况随橡胶形变与否而不同。当作用于变形的橡胶（主要是不饱和橡胶）时，出现与应力作用方向垂直的裂纹，即所谓“臭氧龟裂”；作用于不变形的橡胶时，仅表面生成氧化膜而不龟裂。

④ 光：光波越短、能量越大。对橡胶起破坏作用的是能量较高的紫外线。紫外线除了能直接引起橡胶分子链的断裂和交联外，橡胶还因吸收光能而产生自由基，引发并加速氧化链反应过程。紫外线起着加热的作用。光作用的另一特点（与热作用不同）是它主要在橡胶表面发生。含胶率高的试样，表面会出现网状裂纹，即所谓“光外层裂”。

⑤ 机械应力：在机械应力的反复作用下，橡胶分子链断裂生成自由基，引发氧化链反应，形成力化学过程。机械断裂分子链和机械活化氧化过程，哪个占优势，视其所处的条件而定。此外，在应力作用下容易引起臭氧龟裂。

⑥ 水分：水分的作用有两个方面，橡胶在潮湿的空气中、淋雨或浸泡在水中时，容易破坏，这是由于橡胶中的水溶性物质和亲水基团等成分被水抽提溶解；水解或吸收等原因。特别是在水浸泡和大气暴露的交替作用下，会加速橡胶的破坏。但在某种情况下水分对橡胶则不起破坏作用，甚至有延缓老化的作用。

总之影响橡胶老化的因素很多，既有热、光、电、应力等物理因素和氧、臭氧、酸、碱、盐及金属离子等化学因素，还有微生物（霉菌、细菌）、昆虫（白蚁等）等生物因素。这些外界因素在橡胶老化过程中，相互影响，加速橡胶老化进程，使其结构变化，性能下降，外观变化。

292. 老化的种类有哪些？

橡胶老化的种类见图 4-1。

293. 什么是疲劳老化？疲劳老化特点是什么？

橡胶在交变应力或应变作用下，物理机械性能逐渐变差，最后丧失使用价值的现象称为疲劳老化。如受拉伸疲劳的橡胶制品，在疲劳老化过程中逐渐产生龟裂，

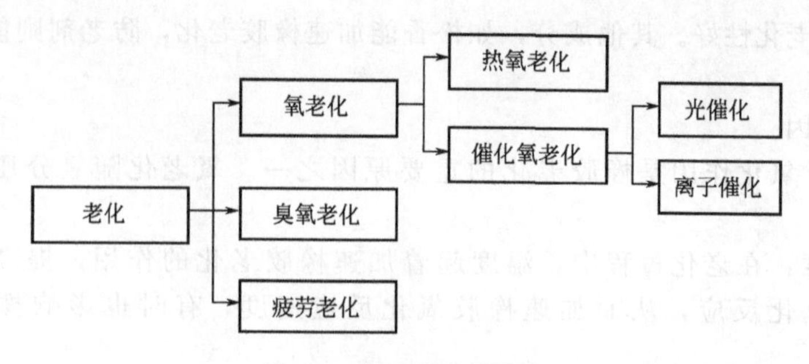

图 4-1 橡胶老化的种类

最后完全断裂。疲劳老化特点如下。

① 力化学过程：橡胶的疲劳老化是在多次形变的条件下，在机械力、氧化、臭氧化三种因素的综合作用下而产生的橡胶动态老化过程。

② 橡胶内部生热，加速氧化。

③ 伴有臭氧老化，疲劳过程加速臭氧氧化。

④ 老化速度快。

294. 什么是臭氧老化？臭氧老化特点是什么？

由臭氧引起的老化称为臭氧老化。臭氧老化特点如下。

① 表面反应：橡胶的臭氧老化是一种表面反应，未受应力的橡胶表面反应深度为 $(10\sim50)\times10^{-6}$mm。

② 龟裂：多数情况下橡胶的臭氧老化会产生表面龟裂，受拉伸的橡胶在产生臭氧老化时，表面要产生臭氧龟裂，并且裂纹的方向与受力的方向垂直，这是臭氧龟裂与光氧老化龟裂的不同之处。但应当注意，在多方向受到应力的橡胶产生臭氧老化时，所产生的臭氧龟裂很难看出方向性，与光氧老化所产生的龟裂相似。橡胶的臭氧龟裂有一临界应力存在，当橡胶的伸长或所受的应力低于临界值时，在发生臭氧老化时是不会产生龟裂的。但未受拉伸的橡胶暴露在臭氧环境中时，橡胶与臭氧反应直到表面上的双键完全反应完后终止，在表面上形成一层类似喷霜状的、灰色的硬脆膜，使其失去光泽。

295. 橡胶老化的防护方法有哪些？

由于橡胶的老化是一种复杂的综合化学反应过程，而且要绝对防止橡胶老化的发生是不可能的，可采取适当的措施，延缓橡胶老化的速度，从而达到延长橡胶使用寿命的目的。防老化措施主要有物理防护法及化学防护法。

物理防护法是指尽量避免橡胶与各种老化因素相互作用，如采用表面镀层或处理、加光屏蔽剂、加石蜡等。

化学防护法是指加入物质来防止或延缓橡胶老化反应继续进行，如加入胺类或酚类化学防老剂。

296. 防老剂和抗氧剂有什么区别？

抗氧剂是防老剂的一种，防老剂是能延缓或抑制橡胶老化的物质，准确地讲：凡能延缓或抑制橡胶老化过程，延长橡胶及橡胶制品的储存期及使用寿命的化学物质均称为防老剂。

引起橡胶老化的有氧、臭氧、疲劳、有害金属和紫外线等。因此依据防护因素可将防老剂分为抗氧剂（防老剂）、抗臭氧剂（防老剂）、抗疲劳剂（防老剂）、抗有害金属剂（防老剂）和抗紫外线剂（防老剂）等，由上可知抗氧剂是防老剂的一种，而且是最主要的一种。

由于橡胶的氧化反应属于自由基反应机理，因此抗氧剂就是指：凡能终止自由基链式反应或者防止引发自由基产生的物质，均能抑制或延缓橡胶氧化反应，被称为抗氧剂或热氧老化防老剂。当然有些抗氧剂也有抗臭氧、抗疲劳等特性。

297. 衡量防老剂的质量指标有哪些？

（1）防护效果

指防老剂具有防护橡胶老化的能力。橡胶抗老化能力一般用其性能变化量或变化率来表示。变化绝对值越趋向于0，抗老化性能越好。

（2）分散性

指防老剂在橡胶中均匀分散尺寸的大小，混合越均匀分散尺寸越小，分散性越好。这当然与它们的相容性有关，但工艺也是非常重要的。

（3）污染性

指防老剂对胶料色调的影响能力，工业上希望防老剂不影响胶料的色调。胺类防老剂本身色调深，多为黑褐色，对胶料色调影响很大，污染性大。

（4）迁移性

指防老化剂在胶料制造、停放、使用过程中从胶料中迁移出来的能力。防老剂从胶料中迁移出来，无论是附着在表面（喷霜）、挥发到空气中（挥发性），还溶入外介质中，都使胶料中的防老剂含量减少，从而使胶料的耐老化性能下降。

298. 胺类、酚类防老剂各有何特性？

防老剂按化学结构可分为胺类、酚类和其他类防老剂等。胺类防老剂有酮胺类（防老剂 AW、防老剂 BLE、防老剂 RD 等）、醛胺类（防老剂 AH、防老剂 AP 等）、二芳基仲胺类（防老剂 A、防老剂 D 等）等；酚类防老剂有防老剂 264、防老剂 2246、防老剂 2246S、防老剂 DOD 等；其他类防老剂有苯并咪唑类（防老剂 MB 等）等。

299. 链断裂型抗氧剂和预防型抗氧剂分别是什么？

抗氧剂根据其作用原理可分为两大类：一类是通过与链增长自由基 R・或

ROO·反应而截断链式反应，防止热氧老化，这类物质称为链断裂型抗氧剂（防老剂），也可称为链终止型或自由基终止型抗氧剂（防老剂），还可称为主抗氧剂（防老剂）；另一类不参与自由基链式反应，只防止自由基的引发，称为预防型抗氧剂（防老剂）。预防型防老剂包括氢过氧化物分解剂（辅助抗氧剂）、光吸收剂和金属离子钝化剂三类。

300. 什么是防老剂的污染性？

防老剂的污染性是指防老剂对胶料颜色的改变性，如果白色、浅色、彩色胶料加入防老剂后或再经过硫化胶料变为褐色或黑色，这个防老剂就是“污染性防老剂”。反之白色、浅色、彩色胶料加入防老剂后或再经过硫化胶料不变或略有变化，这个防老剂就是“非污染性防老剂”。

常用污染性防老剂主要是胺类防老剂（如 A、RD、4010NA、4020、H、DNP、AW、BLE 等），其防护效果好。常用非污染性防老剂主要是酚类（如 264、2246、SP、SPC 等）和部分其他类防老剂（如 MB），其防护效果较差。

301. 苯基萘胺类防老剂基本特性是什么？

典型品种为防老剂 A（甲），其基本特性如下。

① 抗热、抗氧、抗屈挠龟裂性能都很好，并能与多种防老剂并用以改善其防护性能。

② 这类防老剂可用于天然橡胶、丁苯橡胶、丁腈橡胶和氯丁橡胶，都有很好的抗氧效果。

③ 取代二苯胺类，除抗氧作用外，还有好的抗屈挠性能。用于胶乳也有很好的稳定作用。

④ 这类防老剂遇光变色，用于黑色制品或深色制品。

基本用法：可以单用，也可与其他防老剂并用；一般用量 0.5～5 份，通常用 1～2 份。

302. 醛胺类防老剂基本特性是什么？

典型品种为防老剂 AH、防老剂 AP。基本特性如下。

① 用于天然橡胶、丁苯橡胶、顺丁橡胶、异戊橡胶和丁腈橡胶，也可用于胶乳，耐热、抗氧化性能良好。

② 这类防老剂不易喷霜，对臭氧、屈挠龟裂没有防护作用。

③ 遇光变色，属污染型防老剂。

④ 慎用于食品工业橡胶制品。

基本用法：可单用，也可与其他防老剂（如防老剂 A、防老剂 MB 和防老剂 4010NA）并用；一般用量 0.5～5 份，最好 1.0～2.5 份；与其他防老剂可以 1∶1 并用。

303. 防老剂 DFC-34 基本特性是什么？

防老剂 DFC-34 是苯乙烯与二苯胺在催化剂作用下生成的产物。化学名称为：4,4′-双(α-甲基苄基)-二苯胺。

基本特性和用法同醛胺类防老剂。

304. 酮胺类防老剂基本特性是什么？

典型品种为防老剂 RD、防老剂 BLE、防老剂 AW 等。基本特性如下。

① 用于天然橡胶、丁苯橡胶、丁腈橡胶及胶乳，对热氧化和气候老化有优良的防护性能。其中防老剂 AW、BLE 有一定的抗臭氧效果。

② 对氯丁橡胶能提高硫化活性，对其他橡胶硫化无影响。

③ 本类防老剂有污染性，但不显著，在浅色制品中亦可少量使用。

基本用法：可以单用，也可与其他防老剂并用。在动态下使用的橡胶制品中（如轮胎和输送带）常与 4010NA 或 AW 并用，产生协同效果；一般用量 0.5～3 份，通常用量 1～2 份。

305. 对苯二胺类防老剂的基本特性是什么？

典型品种为防老剂 DBPD、防老剂 4010、防老剂 4010NA、防老剂 4020、防老剂 4030、防老剂 H、防老剂 DNP 等。基本特性如下。

① 用于天然橡胶、顺丁橡胶、丁苯橡胶、异戊橡胶、丁腈橡胶和丁基橡胶等中，作为极好的抗臭氧剂和抗氧剂。

② 抗臭氧作用最显著的是对苯二胺衍生物，最有名的是被称为“4000 系列”的几个品种，即 4010、4010NA、4020、4030 等。

③ 4000 系列中抗臭氧效能最好、用途最广泛的是 4010NA，但它能被水从橡胶制品中抽提出来，而 4020 不会被水抽出，能和水接触的制品（如轮胎），越来越广泛地使用 4020。

④ 4000 系列防老剂与萘胺类防老剂以及微晶石蜡并用能产生很强的协同效果。可单用，亦可与其他防老剂并用；一般用量 0.5～3.0 份，通常用量 1.0～2.5 份。

306. 酚类防老剂基本特性是什么？

典型品种为防老剂 264、防老剂 2246、防老剂 SP。

基本特性：用于天然橡胶、合成橡胶和胶乳作抗氧剂，也可用于塑料和合成纤维作热稳定剂；是最好的非污染型防老剂；由于它的防护效用较弱，常用于对防老化要求不高的制品。

基本用法：可单用或与其他防老剂并用，单用用量一般为 0.5～3 份。

307. 反应型防老剂与普通防老剂有何差别?

反应型防老剂是分子链上连有亚硝基、硝酮基、丙烯酰基及马来酰亚氨基等活性基团的防老剂，当将其像普通防老剂一样在混炼过程加入到橡胶中时，则在硫化过程中通过活性基团与橡胶反应而连接在硫化胶的网构中，从而大大提高了防老剂的耐迁移、耐挥发和耐抽出性，长期地保持其防护性能。

308. 哪些防老剂并用产生对抗效应?

为了提高防护效果，在实际应用时常常选用两种或两种以上具有不同作用机理的防老剂进行并用，或者选用同一防护机理的防老剂并用，或选用在同一分子上按不同机理起作用的基团同时存在的防老剂，并用后效果有三种：对抗效应、加和效应、协同效应。

对抗效应是指两种或两种以上的防老剂并用时，所产生的防护效果小于它们单独使用时的效果之和。实际使用时应当防止这种现象产生。

下列情况下，防老剂并用或与其他配合剂并用有可能产生对抗效应：显酸性的防老剂与显碱性的防老剂并用时，由于二者将产生类似于盐的复合物，因而产生对抗效应；链断裂型防老剂与某些硫化物尤其是多硫化物之间也产生对抗效应，如在含有1% 4010NA的硫化天然橡胶中，加入多硫化物后使氧化速度提高，这也是对抗效应；在含有芳胺或受阻酚的过氧化物硫化的纯天然橡胶中，加入三硫化物，也发现类似的现象。

对抗效应的产生与硫化物的结构有很大关系，如二烯链硫化物与防老剂有显著的对抗效应，而二正丁基硫化物和三正己基三硫化物则无对抗效应。一般单硫化物的影响比多硫化物小。

炭黑在橡胶中既有抑制氧化的作用，又有助氧化的作用。在链断裂型防老剂存在下炭黑抑制效果的减小，或在炭黑存在下防老剂防护效能的下降，都清楚地表明它们之间产生了对抗效应。

309. 哪些防老剂并用产生加和效应?

加和效应是指防老剂并用后所产生的防护效果等于它们各自单独作用的效果之和。在选择防老剂并用时，能产生加和效应是最基本的要求。

同类型的防老剂并用后通常只产生加和效应，但有时并用后会获得其他好处。例如，两种挥发性不同的酚类防老剂并用，不但能产生加和效应，而且与等量地单独使用一种防老剂相比能够在更广泛的温度范围内发挥抑制效能。另外，大多数防老剂在使用浓度较高时显示出助氧化效应，这可通过将两种或几种防老剂以较低的浓度并用予以避免，并用后的效果为各组分通常效果之和。

310. 如何让防老剂并用而产生协同效应？

（1）协同效应

协同效应是防老剂并用后的效果大于每种防老剂单独使用的效果之和。在选择防老剂时，这是希望得到的并用体系。

根据产生协同作用的机理不同，又可分为杂协同效应和均协同效应。同一防老剂分子上同时具有按不同机理起作用的基团时，则称为自协同效应。

（2）杂协同效应

将两种或两种以上按不同机理起作用的防老剂并用所产生的协同效应，称为杂协同效应。链断裂型防老剂与破坏氢过氧化物型防老剂并用所产生的协同效应，属于杂协同效应。其他如链断裂型防老剂与紫外线吸收剂、金属离子钝化剂及抑制臭氧老化的防老剂等之间的协同效应，也属于杂协同效应。

在NR中防老剂D及防老剂WSP均与防老剂MB产生协同效应。防老剂2246及防老剂4010与防老剂DLTDP（硫化二丙酸二月桂酯）在过氧化二异丙苯（DCP）硫化的天然橡胶中产生协同效应。协同效应的大小不仅与防老剂种类有关，而且也与防老剂的配比有关。

链断裂型防老剂与破坏氢过氧化物型防老剂并用能产生协同效应的原因是，破坏氢过氧化物型防老剂分解氧化过程中所产生的氢过氧化物为非自由基，减少了链断裂型防老剂的消耗，使其能在更长的时期内有效地发挥抑制作用。同样，链断裂型防老剂可以有效地终止产生链传递的自由基，使氧化的动力学链长（每个引发的自由基与氧反应的氧分子数）缩短，仅生成少量的氢过氧化物，从而大大减慢了破坏氢过氧化物型防老剂的消耗速率，延长了其有效期。因此，在这样的并用体系中，两种防老剂相互依存，相互保护，共同起作用，从而有效地使聚合物的使用寿命延长，防护效果远远超过各成分的效果之和。

（3）均协同效应

两种或两种以上的以相同机理起作用的防老剂并用时所产生的协同效应称为均协同效应。

两种不同的链断裂型防老剂并用时，其协同作用的产生是氢原子转移的结果，即高活性防老剂与过氧自由基反应使活性链终止，同时产生一个防老剂自由基，此时低活性防老剂向新生的高活性防老剂自由基提供氢原子，使其再生为高活性防老剂。这些能提供氢原子的防老剂是一种特殊类型的防老剂，一般称为抑制剂的再生剂。两种邻位取代基位阻程度不同的酚类防老剂并用，两种结构和活性不同的胺类防老剂并用，或者一种仲二芳胺与一种受阻酚并用，都可产生良好的协同效应。

邻位取代基位阻程度不同的酚类防老剂并用时，能够避免邻位取代位阻较小的苯氧自由基引发聚合物氧化，这也是其产生协同效应的原因之一。

有些物质单独使用时没有防护效果，但与某些防老剂并用时，可像前述的均协同效应机理一样，作为再生剂产生协同效应。如二烷基亚磷酸酯可与某些酚类防老剂起作用。2,6-二叔丁基苯酚也可作为再生剂，与某些链断裂型防老剂并用产生协同效应。

两种防老剂除按这种再生机理产生协同效应外，如果某一种或两种防老剂还具有过氧化物分解剂的功能，则可获得更高的协同效应。例如苯环上连有取代基的苯酚与像β,β'-二苯基乙基单硫化物那样的β活化的硫醚并用时，可在很长的时期内显示非常有效的链断裂型防老剂的作用。这是由于β活化的硫醚提供氢原子使酚类防老剂不断再生，同时这种硫醚还可以破坏氢过氧化物，生成某种衍生物，也有助于酚类防老剂的再生。

(4) 自协同效应

当同一防老剂可以按两种或两种以上的机理起抑制作用时，可产生自协同效应。最常见的一个例子是既含有受阻酚的结构又含有二芳基硫化物结构的硫代双酚类防老剂。例如4,4'-硫代双(2-甲基-6-叔丁基苯酚）既可以像酚类防老剂那样终止链传递自由基，又可以像硫化物那样分解氢过氧化物。前面讨论的二硫代磷酸盐、巯基苯并噻唑盐、二硫代氨基甲酸盐及巯基苯并咪唑盐，除破坏氢过氧化物外，还可以清除过氧自由基。例如不同的锌盐在30℃时清除过氧自由基的顺序为：黄原酸锌＞二硫代磷酸锌≥二硫代氨基甲酸锌。有机硫化物在抑制氧化过程中，也有终止过氧自由基的能力。当然，这些金属盐及有机硫化物的链断裂作用对整个抑制氧化过程的贡献是比较小的，主要的作用还是分解氢过氧化物。

另外，某些胺类防老剂除起到链终止作用外，还可以络合金属离子，防止金属离子引起的催化氧化，甚至具有抑制臭氧老化的能力。二烷基二硫代氨基甲酸的衍生物既有金属离子钝化剂的功能，又有过氧化物分解剂的功能。二硫代氨基甲酸镍不仅可以分解氢过氧化物，而且还是一种非常有效的紫外线稳定剂。所有这些，都产生自协同效应。

311. 对于NR、BR、SBR、NBR用什么防老剂的耐臭氧老化性能比较好?

对于NR、BR、SBR、NBR这些常用二烯类橡胶，其耐臭氧老化效果不好，但可以通过调整硫化体系和防护体系来改善其耐臭氧老化性。对于防护体系而言，要以对苯二胺类防老剂为主，如防老剂DBPD、防老剂4010、防老剂4010NA、防老剂4020、防老剂4030、防老剂H、防老剂DNP等。还可以与RD、BLE、AW并用提高效果，但用量要增加，对苯二胺类防老剂用量要达到3份以上，总的防老剂用量要超4～5份，再加1～2份石蜡（最好用微晶蜡)。防老剂CTU效果也不错。常见组合有：4020＋AW＋微晶蜡；4010NA＋4020＋微晶石蜡；4020＋3100＋微晶石蜡；CTU＋微晶石蜡。

4010NA静态防护较好，4020动态防护较优。一般来说4010NA使用较多，两者的性能差别不大。效果来说，4010NA好一些，但差别不大，和4020是同一个级别的，4010NA耐水抽提不如4020好，在产品中容易扩散损失，所以长久性能不如 4020 好，而且其变色污染及毒性都比 4020 大，所以逐渐被 4020 淘汰了。77PD 抗静态臭氧性很好，动态性能也很好，甚至比 IPPD、6PPD 都好。

312. 防老剂 NBC 使用特点是什么？

防老剂 NBC 的化学名称是 *N*,*N*-二丁基二硫代氨基甲酸镍。主要用于在含卤的橡胶中与 CSM、CR、CM、CO 等配合，效果比较明显，防老化效果比防老剂 RD 好，不过价格较高。NBC 是深色的，有一定的污染性，不宜用在浅色橡胶中。另外，对于一般橡胶的效果不一定很好。

313. 防老剂 DTPD 用什么防老剂来替代？

防老剂 DTPD 也就是防老剂 3100，化学名称是：*N*,*N*′-二甲苯基对苯二胺，属于胺类防老剂。

可以用 4000 系列防老剂（对苯二胺类防老剂中几个以 4 开头的防老剂的组合，抗臭氧作用最显著）代替，都是对苯二胺类防老剂。3100 的主要作用也是耐臭氧，与 4010NA 和 4020 相比，优势体现在制品硫化完成后，存放很长一段时间耐臭氧效果依然很好，但价格比 4010NA 和 4020 高。

314. 微晶蜡与普通石蜡差别是什么？

（1）普通石蜡

通常也称为石蜡，这也形成专业上概念的混乱。按工业上的习惯将普通石蜡定义为石蜡。

石蜡分子量小，迁移到表面的速度比微晶蜡快得多，形成的蜡膜厚度较厚，密实性大，弹性较差，耐屈挠性不好，也称为大结晶蜡。

（2）微晶蜡

微晶蜡是以减压残渣油为原料精制而成的，其结晶细小，分子量 500～700，碳原子数 35～55，滴点 60～90℃。微晶蜡的分子结构比石蜡更复杂，正构烷烃类和芳香烃类的质量分数较小，异构烷烃和长侧链环烷烃质量分数较大。微晶蜡化学性质比较活泼，与发烟硫酸发生剧烈的反应并产生泡沫和发热，而石蜡不起反应，其化学性质不活泼。

分子量大，迁移到表面的速度比石蜡慢，形成的蜡膜厚度较小，微晶蜡比石蜡生成的薄膜更密实，富有弹性，与硫化胶胶面结合得更牢固，蜡膜比较均匀，外观比较好。微晶蜡在薄膜厚度较小时，则呈现防护作用。微晶蜡，一般按分子大小或熔点高低区分不同的规格。微晶蜡熔点高，价格也较高，另外成品的硬度也会比较高。

第5章
软化增塑体系

315. 什么是橡胶软化？

橡胶软化：传统的橡胶软化是指在非极性橡胶中，加入某些物质，这些物质的分子进入橡胶分子链之间，使橡胶分子间距离增大，分子间作用力减小，链段活动能力增强，分子链的柔顺性提高，玻璃化温度降低，黏度降低，这种作用称为橡胶的软化。起到软化作用的物质称为软化剂。软化剂多为非极性物质。

橡胶软化的实质是软化剂在橡胶分子中起到了填充作用，也称为稀释作用，作用机理如图 5.1 所示。在胶料中软化剂分子按随机规律分布在橡胶大分子之间，增加分子间距离，削弱了大分子间的相互作用，软化剂分子与橡胶基团之间没有显著的能量作用，削弱来源于简单的稀释。

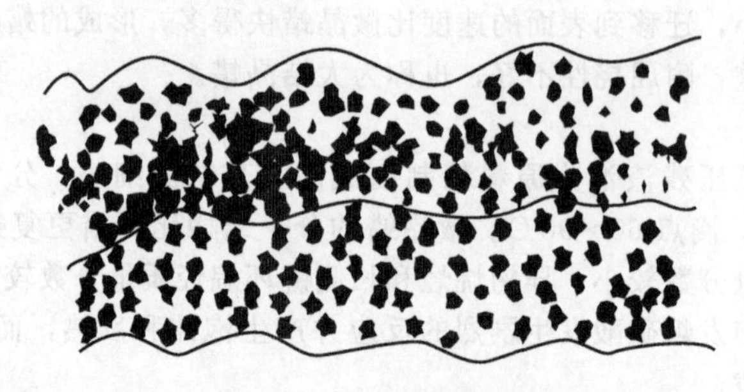

图 5.1　软化剂作用机理

316. 什么是橡胶增塑？

橡胶增塑：传统的橡胶增塑是指在极性橡胶中，加入某些物质，能降低橡胶分子间作用力，改善加工工艺性能，提高胶料某些物理机械性能的作用。能起到增塑作用的物质，称为增塑剂。增塑剂多为极性物质。

极性橡胶分子结构中含有极性基团，彼此相互作用，增大了大分子链段之间的作用力，降低了大分子链段的柔顺性，使其难于在外力场的作用下发生变形。当增塑剂加入橡胶中时，增塑剂分子上的极性基团与橡胶分子上的极性基团产生作用，屏蔽了橡胶分子之间的极性基团作用力（屏蔽作用），使橡胶分子间作用力减小，链段活动能力增强，玻璃化温度下降，可塑性增加，作用机理如图 5.2所示。

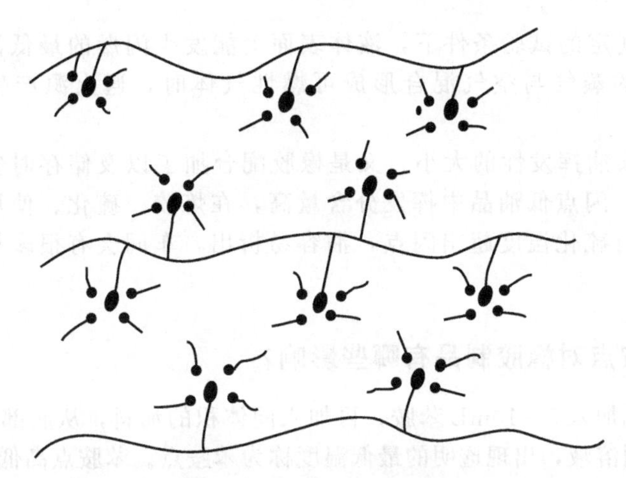

图 5.2 增塑剂作用机理

317. 软化增塑剂有哪些作用？

按传统的说法，很难将软化和增塑分清，因而提出了软化增塑剂。凡是能同高聚物很好地混合，又能均匀分散在高聚物内，缓和高聚物分子间的结合力，使高聚物柔软，增加塑性，便于加工并能改善制品某些性能的物质，称为软化增塑剂，有时又称为软化剂或增塑剂，现统称为增塑剂。

增塑剂的作用如下。

① 改善橡胶的加工工艺性能：增塑剂加入橡胶中通过降低分子间作用力，降低胶料黏度，提高胶料的可塑性、流动性、黏着性，从而使粉末状配合剂更好地与生胶浸润并分散均匀，改善混炼工艺性能；胶料塑性、流动性、渗透性、黏性增大便于胶料的压延、压出、成型、硫化。

② 改善橡胶的某些物理机械性能，如降低制品的硬度、定伸应力，提高硫化胶的弹性、耐寒性，降低生热等。

③ 降低胶料成本，同时可降低胶料加工过程中的能耗。

318. 软化剂和增塑剂有什么区别？

过去人们习惯性地把软化增塑剂中来源于天然物质，具有非极性的、并用于非极性橡胶（如 NR、SBR、BR、IIR、EPDM）的叫软化剂；而合成物质，具有极性的、主要应用于极性橡胶（如 CR、NBR）或塑料的叫增塑剂，目前统称软化增塑剂或增塑剂。但严格地讲软化剂侧重于表面软化，即使胶料变软，硬度下降；增塑剂侧重于内在塑性增大。但软化必或多或少地具有塑化的作用，门尼黏度下降。同样增塑或多或少地能使胶料变软，降低硬度。

319. 油的闪点会对橡胶制品有哪些影响?

闪点是在规定的试验条件下，液体表面上能发生闪燃的最低温度。闪燃是液体表面产生的蒸气与空气混合形成可燃性气体时，遇火源产生一闪即燃的现象。

闪点既关系油挥发性的大小，又是橡胶配合加工以及储存时安全管理上的一个重要指标。闪点低油品中挥发分含量高，在炼胶、硫化、使用过程中质量损失高。硫化时硫化温度超出闪点，油容易析出，车间会有很多烟雾，胶料会变硬。

320. 油的苯胺点对橡胶制品有哪些影响?

在试管中先加入5～10mL苯胺，再加入同体积的油料，从底部缓慢加热直至出现均匀的透明溶液，出现透明的最低温度称为苯胺点。苯胺点高低可以大致反映油品的极性大小及油品的组成，苯胺点高，芳烃含量小，与橡胶相容性不好，反之，苯胺点越低表示芳烃含量越高，与橡胶相容性越好，加工工艺性能越好。石蜡油的芳烃含量低，这在过氧化硫化工艺的应用中特别重要，芳烃含量低可减少硫化剂的消耗。低芳烃含量提高了橡胶的抗氧化降解性能。

石蜡油的低芳香烃含量和低挥发性相配合，在EPDM橡胶汽车门窗密封条、垫片和汽车软胶管的应用中起到了举足轻重的作用，低挥发性有助于防止老化收缩，并且有利于改善制品的不良外观（如粗糙、有气泡），这两种特性有利于延长橡胶制品的使用寿命。

芳香烃含量高了也不环保，耐寒性可能受影响。相对密度变大，加工性变好，折射率、生热变大。

一般环烷烃和芳香烃的苯胺点都比较低，所以苯胺点的高低不能衡量芳香烃含量的高低，高的苯胺点对乙丙橡胶是有利的。

低芳烃可减少硫化合物消耗从而降低成本，同时提高了橡胶的抗氧化性能，延长制品寿命。

321. 硬脂酸的作用有哪些?

在橡胶加工过程中，脂肪酸是作为辅料加入的，添加的比例很小，通常每100份橡胶添加0.5～3份的脂肪酸，但是不可或缺的。作为植物油系脂肪酸，在橡胶（轮胎）的加工过程中，按一定比例添加后，有以下五个方面的作用。

① 与氧化锌或碱性促进剂反应可促进其活性，还是主要的硫化促进助剂，可起到第二促进剂的作用，可使硬化加速。

② 软化和增塑作用。

③ 作为外部润滑剂。

④ 有利于炭黑、白炭黑和氧化锌的充分分散。

⑤ 与石蜡、凡士林相似，可起一定的物理防护作用。

SA对胶料的影响较大，其作用与炭黑相反，它会显著降低胶料黏度，改善工艺性能，可显著提高胶料的可塑性。

脂肪酸碳链的长短对其功效没有影响，如月桂酸和油酸的软化效果也很好。但油酸的不饱和度过高会干扰橡胶加工过程，油酸同时有增加橡胶老化的倾向。月桂酸的酸值很高，会大大延缓橡胶的硫化，工厂需要更改配方和调整工艺参数。受配方制约和某些参数的考虑，各家企业基本上只用硬脂酸这个产品。

322. 操作油和填充油的区别是什么?

操作油也称为加工油，主要指为改善胶料加工性能并在混炼时加到胶料中的石油系油品。在橡胶制造时直接加到橡胶中，其用量在15份以下的石油系油品，也称为操作油。

为降低胶料成本和改善胶料的某些性能，在橡胶制造时直接加到橡胶中，用量在15份以上的石油系油品称为填充油。

二者区别如下。

① 添加的目的不同：操作油主要是改善胶料加工性能，填充油主要为降低胶料成本。

② 添加的时间不同：操作油在混炼时加到胶料中，填充油主要是在橡胶制造（合成）时直接加到橡胶中。

③ 添加的量也有不同：混炼时，操作油添加量没有限制，填充油用量在15份以上，如果合成时加入油用量在15份以下的也是操作油。

323. 增塑软化剂有哪些?

主要包括矿物油系、动植物油系、合成物系三大类。细分为六小类：

① 石油系（操作油、三线油、变压器油、机油、轻化重油、石蜡、凡士林、沥青及石油树脂等）；

② 煤焦油系（煤焦油、古马隆、煤沥青等）；

③ 脂肪油系（脂肪酸、油膏等）；

④ 松油系（松焦油、松香、松香油、妥尔油等）；

⑤ 合成酯系（邻苯二甲酸酯类、脂肪二元酸酯类、脂肪酸类、磷酸酯类、聚酯类等）；

⑥ 液体聚合物系。

石油系软化增塑剂为石油炼制副产物或石油残渣抽炼出来的产品。此类软化增塑剂软化增塑效果好，来源丰富、成本低廉，使用范围广。

石油系软化增塑剂按其化学组成及用途主要分为芳香烃油、环烷烃油、链烷烃油（合称为石油系操作油）以及其他油品，如机械油（机油）、锭子油、变压器油、重油、凡士林、沥青、石蜡等。

324. 链烷烃油（石蜡油）、环烷烃油、芳烃油有什么差别？

（1）链烷烃油

链烷烃油也称石蜡油、液体石蜡或白色油，是指链烷烃碳原子 CP 数占总碳原子数在 60%以上的操作油。常用链烷烃油中链烷烃碳原子 CP 数占总碳原子数在 64%～69%，为无色透明液体，闪点（开杯）230℃以上。苯胺点约 90～121℃。

链烷烃油与不饱和橡胶的相容性一般，与极性橡胶相容差，与低不饱和性橡胶如丁基橡胶、乙丙橡胶相容性很好，一般的效果更好，加工性能差，但对橡胶物理机械性能的影响小，用作一般的软化剂，用量小于 15 份。因污染性小或不污染，所以可用作浅色橡胶制品的软化剂。其稳定性、耐寒性也很好，对胶料的弹性、生热无不利影响。

（2）环烷烃油

环烷烃油是指环烷烃碳原子 CN 数占总碳原子数在 30%～45%以上的操作油。深色黏稠液体，闪点（开杯）210℃左右，苯胺点约 66～82℃。

环烷烃和相同碳原子数的烷烃比较，密度和沸点都较高。环烷烃的化学性质和烷烃类似，常温下很稳定。

环烷烃油具有饱和环状碳链结构，具有低倾点（倾点是指油品在规定的试验条件下，被冷却的试样能够流动的最低温度）、高密度、高黏度、无毒副作用等特点，而且在它的环上通常还会连接着饱和支链。这种结构使环烷烃油既具有芳香烃类的部分性质，又具有直链烃的部分性质，又由于环烷油来自天然石油，有价格低廉、来源可靠等优点。

（3）芳烃油

芳烃油也称芳香烃或芳烃油，是指芳香烃碳原子 CA 数占总碳原子数在 35%以上的操作油。常用芳烃油中芳香烃碳原子 CA 数占总碳原子数在 35%～50%，深色黏稠液体，闪点（开杯）170～200℃，苯胺点约 32～49℃。

芳烃油与二烯烃橡胶及氯丁橡胶、丁腈橡胶等有较好的相容性，混炼加工性能好，能增大胶料的黏合性，能显著改善橡胶的加工性能，且能使硫化胶保持较高的强度和伸长率，但对硫化胶的生热有一定影响，并有一定的污染性。芳烃油具有耐高温、低挥发等特点，可以增强橡胶产品的抗风化、氧化、摩擦、衰老程度，同时能帮助胶料中的填充剂混合和分散，被广泛应用于再生胶及多种橡胶制品等行业。但污染严重，并且大多数芳烃油是非环保的。

325. 链烷烃油（石蜡油）、环烷烃油、芳烃油的性能区别有哪些？

链烷烃油（石蜡油）、环烷烃油、芳烃油性能对比见表 5.1。

表 5.1 石油系操作油的性能对比

项目	石蜡油	环烷烃油	芳烃油
混炼加工性	不良	好	优
挥发性(200℃)	无	极少	无
污染性	优	好	不良
变色性	无	很少	不良
低温性	优	好	尚可
回弹性	优	好	尚可
生热性	低	中	高
拉伸强度	较高	高	最高
硬度	低	中	高

326. Sunpar 2280 太阳油属于石蜡油吗？

Sunpar 是美国太阳石油公司（Sunoco）为橡胶工业生产的专用油品，Sunpar 是太阳石蜡基加工油的牌号，Sunnaphthenic 是太阳环烷基加工油牌号、Sunaromatic 是太阳芳香基加工油的牌号。

Sunpar 2280 碳型结构为 CA/CN/CP=8/26/66，石蜡基的比例为 66%，应该属于石蜡油。

现在很多是在国内调配的，质量不能得到保证。目前可替代 Sunpar 2280 的其他油品有：美国 2360 石蜡油，价格比 Sunpar 2280 散装便宜；道达尔的环保石蜡油 25110 完全可以替代 Sunpar 2280，闪点还高一点，价格低；国产的克拉玛依 6030 也不错。

327. 石蜡油 200 号与 300 号怎样区分？

可从下面三点区分。

① 色泽：300 号比 200 号色泽要偏暗一些，300 号发深黄色，200 号发黑色。

② 密度：300 号比 200 号密度稍大，300 号密度 $925kg/m^3$，200 号密度 $915kg/m^3$。

③ 黏度：黏度大的是 300，小的是 200。

328. 增塑剂 TP-90B、TP-759 之间差别是什么？

(1) TP-90B

TP-90B 是一种已二酸烷基醚酯类高相容性环保增塑剂，淡琥珀色液体，相对密度（25℃）1.010～1.015，折射率（25℃）1.4438～1.4460。用来提高各类弹性体的低温性能，具有较低的波动性，易分散且不降低橡胶的物理性质（抗静电、抗真菌、快速加工能力）。可缩短胶料的焦烧时间和正硫化时间，加快硫化速度。它具有优异的增塑作用而不会严重损害被作用化合物的物理性能。适用于丁腈橡胶、聚氨酯、丙烯酸酯和氯醇橡胶，也可用于天然橡胶、丁苯橡胶、氯丁橡胶。改善弹性体的低温性能，常应用于燃油管、电线护套、冰箱密封、汽车油封、泡沫橡胶制品、摩擦制品以及各种模压和挤出制品。还可作为抗静电剂，用于纺织用抗静电胶辊。TP-95 通过了美国食品药品监督管理局（FDA）认证，允许与食品接触，但在橡胶配方中的总量不超过 30%。

TP-90B 增塑剂是一种烷基聚醚型高相容性环保增塑剂，专用于提高天然橡胶、丁苯橡胶、氯丁橡胶、丁腈橡胶和氯醇橡胶等各类弹性体的低温柔性；为橡胶提供极佳的低温适应性，即在低温下胶料的柔软性好；并且极易分散于胶料中，不受硫化的影响，不会降低胶料的物性。因为增塑作用迅速，TP-90B 增塑剂也可用于软化轻度焦烧的原料而几乎不影响其最终物理性能。还可作为抗静电剂，用于纺织用抗静电胶辊。在氯丁胶中其可作为杀菌剂使用，能抑制真菌的生长。

用途：TP-90B 增塑剂用于提高燃料软管、电缆护套、泡沫橡胶制品以及各类模压或挤出产品的低温柔性。它在中等剂量（通常为 20～30 份）下即具有明显的效用而不会严重损害橡胶特有的物理性能。

在丁腈橡胶中，TP-95 和 TP-90B 对硫化有一定的促进作用，胶料的焦烧时间和正硫化时间较短，硫化胶的 100% 和 300% 定伸应力相对较大。TP-95 具有良好的热稳定性，而 TP-90B 较易挥发。

（2）TP-759

TP-759 增塑剂是一种低挥发性的聚醚/聚酯混合型的环保增塑剂，耐温范围宽、低波动性、耐抽出。添加 TP-759 增塑剂生产的混合物热老化后可保持其原有性能。

用途：TP-759 增塑剂可用于有效地提高燃料软管、汽车零件、电缆线护套和各类模压和挤出产品的低温柔性。

TP-759 增塑剂尤其适用于聚丙烯酸酯，同时也用于氯醇橡胶、丁腈橡胶和聚氯乙烯，可以成功地用于燃料的低温弹性软管、自动装置部件、汽车配件、电缆护套和各种各样的模塑和挤出制品。

329. 沥青在橡胶里面起什么作用？是增亮吗？

① 主要起软化增塑作用，属于增黏型软化增塑剂。和操作油差不多，能提高胶料的黏性和挺性，可改善胶料的压出性能及硫化胶的抗水膨胀性。

② 具有一定的补强作用。在含炭黑的胶料中，用量一般为 5～10 份，对橡胶制品兼有一定的补强作用，用于不饱和的非极性橡胶，其用量达 10 份而不会降低硫化胶的强度，但会降低弹性和提高硬度。

③ 相对松焦油，产品的表面较光亮。

④ 还可以起到均匀剂和分散剂的作用。

⑤ 沥青的价格较低，是一种很好的填充剂。

330. 怎么做到混炼的时候软，成品后硬度达95以上？

使用树脂增硬剂如酚醛树脂、苯乙烯树脂、环氧树脂等是可以做到的，如果是丁腈橡胶过氧化物硫化时，软化剂采用低聚酯也可以，添加少量甲基丙烯酸锌或甲基丙烯酸镁在提高胶料耐热性的同时也有增硬效果。另外采用高硫黄（25～45份）也可以在混炼的时候胶料软、做出的成品硬度大。最早的方法是添加苯甲酸，加工安全性好。

硫化体系用1份DCP并用15份PL-400，在硫化之前会比较软，硫化之后硬度会有质的变化。胶料中添加超细石墨粉，硫黄用量在40分左右，硬度可接近100，未硫化胶很软。

331. 水渗进了邻苯二甲酸二辛酯、邻苯二甲酸二丁酯等中怎么处理？

① 一点一点倒出来，可采用离心分离法。

② 加入CaO。

③ 加热蒸发，温度设定为约100℃以上、增塑剂沸点以下，直至清亮。

④ 混炼温度高于140℃，同时配方中加氧化钙。

332. AS-88的主要成分是什么？

橡胶黏合剂AS-88（AB-30）是以三聚氰胺树脂为载体经过化学改性生产的一种聚合物，本品为白色蜡状固体，具有甲醛给予体和接受体双重功能，可以取代黏合剂A和RE或者RS配合体系，是新一代间甲白体系黏合剂，适用于多种橡胶骨架材料。在橡胶混炼后期加入或者二段混炼加入具有良好的黏合效果，根据使用条件，一般添加量为1.5～3份，并用钴盐和白炭黑，主要用于橡胶和尼龙、涤纶、人造丝、玻璃纤维等黏合。

333. RX-80树脂特性是什么？

RX-80树脂是改性的二甲苯甲醛树脂，主要由二甲苯甲醛树脂、多元醇、甘油、松香等组分组成。二甲苯甲醛树脂中含有反应活性基团，如羟甲基、醚基、缩醛基等多种含氧基团。树脂的氧量一般在9%～12%左右，它在一定温度及酸性催化剂存在下，和多元醇发生缩合反应，与松香反应后，生成一种黏着性好的固体树脂，控制缩聚反应的温度、催化剂量和反应时间及反应原料的配比就生成中等分子量的缩聚树脂。由于反应是以酯化和醚化反应机理进行的，所以RX-80中含有酯基、醚基，因此它就具有增塑、着色、黏附以及和第三介质进行进一步结合的能力。它是新型橡胶制品的增黏剂、软化剂和补强剂，为橡胶加工助剂之一。

综合性能如下。

① RX-80 树脂，对合成橡胶（顺丁橡胶、丁苯橡胶、氯丁橡胶、丁腈橡胶、乙丙橡胶）及天然橡胶均有一定的软化与增黏效果，能提高胶料的伸长率和耐屈挠性能。

② RX-80 树脂对天然橡胶及各种合成橡胶均有一定的补强效果，特别有利于提高胶料的耐磨性，并有利于提高合成橡胶在天然橡胶中的掺用比例。

③ RX-80 树脂对白色胶料基本不污染，经光老化后才稍微发黄。

④ 掺用 RX-80 树脂的胶料有迟延硫化现象及改善胶料烧焦的作用。

334. RX-80 树脂和古马隆差别有哪些？

① RX-80 浅黄色，古马隆褐色。

② RX-80 软化点范围为 60～130℃（可调），古马隆为 80～100℃。

③ RX-80 树脂性能与松香相近，会加快硫化胶的老化，不宜多用。

④ 古马隆的强伸性能比 RX-80 树脂要好。

⑤ RX-80 树脂颜色浅，可用于浅色胶。

⑥ RX-80 树脂黏合性能要好于古马隆。

⑦ RX-80 树脂胶料硫化速度较慢。

⑧ RX-80 树脂增塑性能较好，胶料收缩小。

335. 橡胶分散均匀剂有什么作用？

橡胶分散均匀剂是一类脂肪族、芳香族树脂的混合物。它能促进不同黏度、极性和溶解度参数的弹性体之间的快速混合，提高不同相间的混合均匀性；还可提高炭黑在胶料中的混入速度，改善混炼胶中炭黑的分散性和均一性；改善混炼胶的加工性能，提高混炼效率，降低能耗，而基本不影响胶料的物理机械性能。

336. 石油树脂、C5 石油树脂、C9 石油树脂、古马隆树脂各是什么？

(1) 石油树脂

石油树脂（hydrocarbon resin）是石油裂解所副产的 C5、C9 馏分，经前处理、聚合、蒸馏等工艺生产的一种热塑性树脂，它不是高聚物，而是分子量介于 300～3000 的低聚物。石油树脂根据原料的不同分为脂肪族树脂（C5）、脂环族树脂（DCPD）、芳香族树脂（C9）、脂肪族/芳香族共聚树脂（C5/C9）及加氢石油树脂、C5 加氢石油树脂、C9 加氢石油树脂。

石油树脂因来源为石油衍生物而得名，它具有酸值低，混溶性好，耐水、耐乙醇和耐化学品等特性，对酸碱具有化学稳定性，并有调节黏性和热稳定性好的特点。石油树脂一般不单独使用，而是作为促进剂、调节剂、改性剂和其他树脂一起使用。

石油树脂是近年来新开发的一种化工产品，由于其有价格低廉，混溶性好，熔点低，耐水、耐乙醇和化学品等优点，可广泛用于橡胶、胶黏剂、涂料、造纸、油墨等多种行业和领域。

橡胶主要使用低软化点的C5石油树脂、C5/C9共聚树脂及DCPD树脂。此类树脂和天然橡胶胶粒有很好的互容性，对橡胶硫化过程没有大的影响，橡胶中加入石油树脂能起到增黏、补强、软化的作用。特别是C5/C9共聚树脂的加入，不但能增大胶粒间的黏合力，而且能够提高胶粒和帘子线之间的黏合力，适用于子午线轮胎等高要求的橡胶制品。

(2) C5石油树脂

C5石油树脂又称碳五树脂、脂肪烃树脂，分为通用型、调和型、无色透明型三种。平均分子量1000～2500，淡黄色或浅棕色片状或粒状固体，相对密度0.97～1.07，软化点70～140℃，折射率1.512，溶于丙酮、甲乙酮、醋酸乙酯、三氯乙烷、环己烷、甲苯、溶剂汽油等。具有良好的增黏性、耐热性、稳定性、耐水性、耐酸碱性，增黏效果一般优于C9树脂。与酚醛树脂、萜烯树脂、古马隆树脂、天然橡胶、合成橡胶等相容性好，尤其是与丁苯橡胶（SBR）相容性优，可燃、无毒。

C5-F（A123）特点如下。

① 初黏性与持黏性好，提高生胶黏度，降低门尼黏度，但不影响硫化时间及硫化后的物理性能。

② 降低硫化点的硬度及模量，提高伸展性，提高抗剥落性，有助于填充材料的均匀分布。

③ 改善橡胶强度和耐老化性。

④ 避免对加工机械的黏附性。

⑤ 有助于填充材料的均匀分布。

⑥ 颜色浅。

PKA系列C5石油树脂在轮胎橡胶领域的特性如下。

① 具有极好的增黏性。

② 在加工过程中能起到软化、补强作用，提高伸展性和抗剥落性。

③ 显著提高生胶黏度，但不影响硫化时间及硫化后的物性。

④ 避免对加工机械的黏附性。

⑤ 有助于填充材料均匀分布。

(3) C9石油树脂

C9石油树脂特指以包含九个碳原子的烯烃或环烯烃进行聚合或与醛类、芳烃、萜烯类化合物等共聚而成的树脂性物质，又称芳烃石油树脂、碳九石油树脂、碳九树脂。C9树脂平均分子量2000～5000，淡黄色至浅褐色片状、粒状或块状固体，透明而有光泽，无气味，相对密度0.97～1.04，软化点80～140℃，玻璃化转变温度81℃，折射率1.512，闪点260℃，酸值0.1～1.0mgKOH/g，碘值30～120g/100g I_2。

C9石油树脂分为热聚、冷聚、焦油等类型，其中冷聚法产品颜色浅、质量好。

溶于丙酮、甲乙酮、环己烷、二氯乙烷、醋酸乙酯、甲苯、汽油等，不溶于乙醇和水。具有环状结构，含有部分双键，内聚力大。分子结构中不含极性或功能性基团，没有化学活性。具有良好的耐水性、耐酸碱性、耐化学药品性。粘接性能较差，脆性大，耐老化性不佳，不宜单独使用。与酚醛树脂、古马隆树脂、萜烯树脂、SBR、SIS相容性好，但由于极性较大，与非极性聚合物相容性较差。可燃，无毒。

C9 石油树脂主要应用于以下几个方面：涂料、黏合剂、橡胶、印刷油墨等。C9 石油树脂在橡胶行业中，主要作为橡胶软化添加剂使用。丁苯橡胶本身缺乏黏性而且坚硬，加入 C9 石油树脂，使得丁苯橡胶的分子链遭到分割，从而使产品具有很好的黏性和软化度。另外，C9 石油树脂可以减少天然橡胶中合成橡胶的用量，在不改变橡胶制品质量的前提下，显著降低了成本。在工艺方面，使用石油树脂后能够节省一道生胶炼工序，使生产周期缩短，经济效益提高。

(4) 古马隆树脂

又称古马隆-茚树脂、苯并呋喃-茚树脂、香豆酮树脂、氧茚树脂，俗称煤焦油树脂。古马隆树脂以乙烯焦油、碳九为原料经催化聚合反应而得，分子式为 C_8H_6O，分子量为 118.14，属于煤焦油系列软化增塑剂。相对密度 1.05～1.15，液体相对密度 1.05～1.07，软化点 75～135℃，玻璃化转变温度 56℃，折射率 1.60～1.65，碘值一般为 23～39gI_2/100g。外观像松香，溶于氯代烃、酯类、酮类、醚类、烃类、多数树脂油、硝基苯、苯胺类等有机溶剂，不溶于水及低级醇。耐酸碱、耐水性优良，电绝缘性、耐老化性、耐热性良好，呈中性反应，具有热塑性、耐腐蚀性，耐光性较差，可燃、无毒。

古马隆或者橡胶单独使用都无黏结性，复配后可使橡胶具有良好的黏结性，包括压敏性或热熔性，过去黏结剂多用天然松香树脂或茚烯树脂，价格高，来源不稳定，性能也比不上古马隆树脂，同时在价格上古马隆树脂要比松香低，且古马隆树脂产量要比松香产量稳定，目前在橡胶等行业古马隆树脂已占据黏结剂的主导地位。古马隆树脂与橡胶的相容性好，是溶剂型增黏剂、增塑剂和软化剂。液体产品是良好的增黏剂，增强性略低；固体产品，特别是高软化点产品是较好的补强剂，能提高胶料的机械物理性能和耐老化性能，但是增黏性不如液体古马隆树脂。用量 3～6 份，能溶解硫黄，有助于硫黄和炭黑的分散，防止焦烧。液体型产品作为天然橡胶和合成橡胶（丁基橡胶除外）的增黏剂和增塑剂，也可以用作再生胶的再生剂。固体型的产品可用作丁苯橡胶、丁腈橡胶、氯丁橡胶的有机补强剂。

337. 古马隆树脂优缺点有哪些？

古马隆树脂分为固体和液体两大类。无论固体的还是液体的都有增塑、增黏（或黏合促进剂、黏着剂）的作用。固体的还可以作为补强剂；液体的有一定的污染性，可以作为再生橡胶的再生剂。

在胶料中，它有很多优点。

① 能显著提高合成橡胶的黏性，降低硫化后的剥离现象。

② 可以溶解硫黄，减少喷霜现象的发生，降低加工过程中出现焦烧、存放时自硫发生的概率。

③ 增塑效果良好，提高压延、压出半成品的表面质量，使得加工工艺变得容易。

④ 与重油或高芳烃油并用，可以提高丁苯等橡胶的耐磨性和拉伸强度。

⑤ 提高炭黑在胶料里的分散程度。

⑥ 与橡胶的相容性较好。

⑦ 含有酚基，所以可以提高胶料的耐老化性能。

⑧ 软化点越高，起到的补强作用越好，压缩强度、撕裂强度、屈挠性都有所提高。

⑨ 与其他增塑剂并用对胶料的性能优化更有利。

虽然有很多优点，但是也有一些弊端在使用的时候值得注意。

① 质量波动大，使用前最好进行加热脱水处理。

② 对促进剂有一定的抑制作用，硫化速度会有所降低。

③ 胶料的脆性温度会被提高。

④ 加入胶料里会降低其耐热性。

⑤ 液体的有一定污染性。

⑥ 用量不能太大，否则会降低胶料的各种性能，一般以15份以内为宜。

338. 白油膏与黑油膏有何区别？

(1) 制法和组成

白油膏是不饱和植物油和一氯化硫的反应产物。

黑油膏又称热法油膏，是不饱和植物油酸（亚麻仁油、菜籽油）和硫黄在高温下（160～170℃）的共热产物。

(2) 状态

白油膏呈蓬松的白色或淡黄色粉状海绵体，是一种硫酸化合物；黑油膏是富有弹性和柔性的黑褐色海绵状松散固体。

(3) 特性

黑油膏是橡胶的软化剂和填充剂及助发泡剂，能促使填充剂在胶料中分散，使胶料表面光滑，收缩率小，有利于压延压出和注压工艺。还能减少硫黄喷出，具有耐光、耐臭氧及电绝缘性能。用量范围大，易混入，特别是用量大时。可用于制备硬度很低的胶料。含游离硫黄，使用时需减小硫黄用量。易皂化，不能用于耐碱和耐油的制品。

白油膏和黑油膏性能和用途差不多，但白油膏对硫化胶力学性能的影响比黑油膏大，用时应注意。白油膏主要用于制造白色或浅色制品。

油膏灰分值从 8%到 40%都有，灰分高的，用于一般橡胶制品。

339. 增塑剂 DBP、DOP 和合成植物酯的区别是什么？

增塑剂 DBP 及 DOP 和合成植物酯都是增塑剂。

合成植物酯是一种新型环保增塑剂，是从多种植物里面萃取的，无毒环保，可达医疗级要求，抑制冒油，增速效率高于 DOP 和 DBP，热稳定时间长。配合 DOP/DBP/ATBC（或者其他价位较高的增塑剂）使用，在不影响产品各项性能指标的同时，大幅度降低企业生产成本。

邻苯二甲酸二丁酯（DBP）和邻苯二甲酸二辛酯（DOP）属于邻苯二甲酸酯类增塑剂，应用广泛。

三者的主要区别如下。

① 外观：合成植物酯为淡黄色油状液体；DBP 为无色透明液体；DOP 为无色油状液体。

② 化学结构：合成植物酯属脂肪酸化合物，DBP 和 DOP 属邻苯二甲酸酯。

③ 极性基团：合成植物酯的极性基团为脂肪基，DBP 和 DOP 的则是酯基。

④ 主要性能和应用：DBP 和 DOP 相容性、增塑效果均好，性能比较全面，常作为主增塑剂使用，但由于挥发性较大，耐久性较差，DOP 与聚氯乙烯（PVC）树脂可以很好地混合，它们有很好的电性能、较好的低温性、不大的挥发性和相当低的抽出性等。

⑤合成植物酯具有较好的耐燃性、耐候性，挥发度低，不会迁移，与 PVC 的相容性好，主要用于耐热电线和农业薄膜，此外，由于它们无毒，也可以用于食品包装材料上。价格方面，DBP 和 DOP 价格比较贵，合成植物酯则适中。

340. 增塑剂选择过程中需要考虑哪些因素？

(1) 增塑剂与树脂间的相容性

一般来说，助剂只有与树脂间有良好的相容性，才能长期、稳定、均匀地存在于制品中，有效地发挥其功能。如果相容性不好，则易发生“出汗”或“喷霜”现象，但有时即使相容性不好，制品要求不太严格时，仍然可使用，如填充剂与树脂间相容性极差，只要填充剂的粒度小，仍然能基本满足制品的性能要求，显然最好用偶联剂或表面活性剂处理，才能充分发挥其功能。

(2) 增塑剂的耐久性

助剂损失主要通过三条途径，即挥发、抽出和迁移，主要与助剂的分子量大小、在介质中的溶解度及在树脂中的溶解度有关。

(3) 增塑剂对加工条件的适应性

某些树脂的加工条件较苛刻，加工温度高时应考虑所选助剂是否会分解，助剂对模具、设备是否有腐蚀作用。

（4）制品用途对助剂的制约

不同用途的制品对助剂的气味、毒性、介电性、耐候性、热性能等均有一定的要求。

（5）增塑剂配合中的协同作用和相对抗作用

在同一树脂体系中，有时其中两种助剂会产生协同作用，比单独用某一种助剂时，效果大得多。

341. 在 EPDM 胶料中，价格类似的情况下，石蜡油可以用哪些来替代？

在 EPDM 配方中，普通石蜡油由于气味比较大，导致产品味道太大，用环保型的成本又太高，可以用白矿物油，成本不高，白色透明，无味；也可用环烷油，如克拉玛依的 4010 环烷油是没有颜色和气味的。

342. HEXAMOLL-DINCH 是一种什么油？

HEXAMOLL-DINCH 是巴斯夫生产的非邻苯二甲酸酯类增塑剂，在欧洲经过严格的毒理测试，其优异的毒理特性使之成为玩具、食品包装、医疗用品等敏感软质 PVC 产品的第一选择。可用于生产三岁以下儿童玩具，也可用于低异味汽车用缆线、医用营养供给管、黏性薄膜、家用食品接触手套、环保型室内墙纸、装饰性片材、静脉内输血管和医用血袋等。

HEXAMOLL-DINCH 是一种无色透明、几乎完全脱除了水分、几乎完全察觉不到气味的液体，几乎完全不溶于水，能溶于通常的有机溶剂，并能与所有常用于 PVC 中的低分子增塑剂混合和相容。较适合应用于 NBR 中，但若量多了会严重吐出。

第6章 其他配合剂

343. 什么是着色剂?

凡加入胶料中以改变制品颜色为目的的物质，均称为着色剂。

着色剂的作用：赋予橡胶制品漂亮的色彩，以提高商品价值；着色适当，可提高制品的耐光老化性能，对制品起到防护作用；满足产品的使用要求。

着色剂品种：有无机着色剂和有机着色剂两大类，无机着色剂的种类有二氧化钛、锌钡白、氧化锌、镉红、铁红、铬黄、镉黄、三氧化二铬、群青等，有机着色剂的种类有汉沙黄、联苯胺黄、甲苯胺红、橡胶大红、立索尔宝红、酞菁绿、酞菁蓝等。

344. 为什么一般发泡剂要和发泡助剂配合使用?

凡能在特定条件下不与橡胶等高分子材料发生化学反应，自身分解产生无害气体的物质，都能作为发泡剂。

在发泡过程中，凡能与发泡剂并用，调节发泡剂的分解温度和分解速度，从而提高发气量或帮助发泡剂均匀分散以提高发泡体质量的物质，均称为发泡助剂。

如单用发泡剂，则发泡剂的分解温度高，分解速度慢，发气量小，分散不均匀。

345. 什么是无卤阻燃体系?

加入橡胶中防止橡胶制品着火或使火焰迟延蔓延、易被扑灭的物质称为阻燃剂。

阻燃剂按其化学结构可分为有机和无机两大类。目前常用的阻燃剂是含卤化合物、含磷化合物及一些无机化合物（如氧化锑、氢氧化铝等）。

无卤阻燃体系是指阻燃体系中各个配合剂不含有卤元素（氟、氯、溴、碘），也包括不含卤的生胶（如 CR、CSM、CM 等）和树脂（PVC 等）。含卤体系在燃烧时会产生卤化氢气体，造成对人的二次毒害。

德国科莱恩（Clariant）无卤阻燃剂系列效果很好，其90%是用多种氮磷物质复合组成的，只是含卤比较低而已。FR100高效环保级阻燃剂的特点：环保、填充量达生胶和油总量的60%左右即可使配方达到最高级别的阻燃效果。

346. 什么是硅烷偶联剂和硅烷交联剂？主要用在橡胶哪些方面？

硅烷偶联剂是一类在分子中同时含有两种不同化学性质基团的有机硅化合物，其经典产物可用通式$YSiX_3$表示。式中，Y为非水解基团，包括链烯基（主要为乙烯基），以及末端带有Cl、NH_2、SH、环氧、N_3、（甲基）丙烯酰氧基、异氰酸酯基等官能团的烃基，即碳官能基；X为可水解基团，包括Cl、OMe、OEt、$OC_2H_4OCH_3$、OSiMe及OAc等。其分子中同时具有能和无机质材料（如玻璃、硅砂、金属等）化学结合的反应基团及与有机质材料（合成树脂等）化学结合的反应基团，可以用于表面处理。在橡胶上多运用于无机填充料（如白炭黑、陶土）的表面改性，促进分散及优化物料间相容性等。

硅烷交联剂在橡胶上可以认为是一种室温硫化硅橡胶的交联剂。市场上的此类定义名称繁多。硅烷交联剂是指对PE的自交联，如生产桥梁拉索表面护套的就是用PE加硅烷交联剂挤出后自交联的。

参 考 文 献

[1] 杨清芝主编. 实用橡胶工艺学. 北京：化学工业出版社，2005.

[2] 侯亚合主编. 橡胶加工简明读本. 北京：化学工业出版社，2005.

[3] 翁国文，张馨编著. 橡胶材料的选用. 北京：化学工业出版社，2010.

[4] 翁国文编著. 实用橡胶配方技术. 第2版. 北京：化学工业出版社，2014.

[5] 聂恒凯，侯亚合主编. 橡胶材料与配方. 第3版. 北京：化学工业出版社，2015.

[6] 翁国文编著. 橡胶材料简明读本. 北京：化学工业出版社，2013.

[7] 侯亚合，游长江主编. 橡胶硫化. 北京：化学工业出版社，2013.

[8] 翁国文，杨慧编著. 橡胶技术问答：原料·工艺·配方篇. 北京：化学工业出版社，2010.

[9] 翁国文，侯亚合编著. 橡胶技术问答：制品篇. 北京：化学工业出版社，2010.

[10] 橡胶技术网 http://www.sto.net.cn/.